공부하는 이유

수학

공부하는 이유: **수학**

초판 1쇄 발행 • 2021년 9월 10일

지은이 • 나동혁
펴낸이 • 강일우
책임편집 • 김선아
조판 • 박지현
펴낸곳 • (주)창비
등록 • 1986년 8월 5일 제85호
주소 • 10881 경기도 파주시 회동길 184
전화 • 031-955-3333
팩시밀리 • 영업 031-955-3399 편집 031-955-3400
홈페이지 • www.changbi.com
전자우편 • ya@changbi.com

ISBN 978-89-364-5954-3 44410
ISBN 978-89-364-5951-2 44080 (세트)

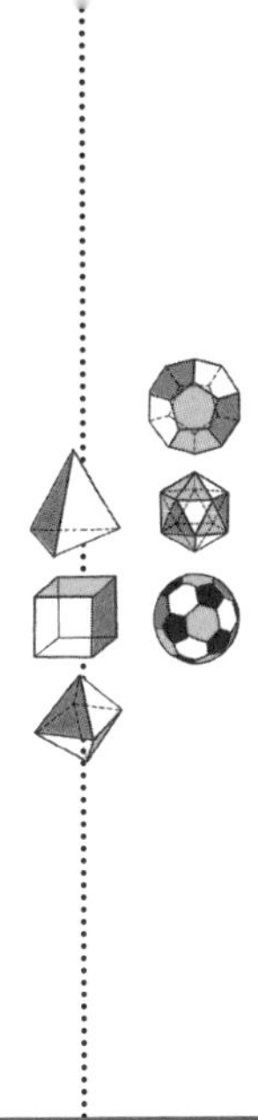

나동혁 지음

공부하는 이유

들어가며

"이 단원은 왜 배우는 걸까?"

"시험에 나오니까요."

"이렇게 풀면 왜 안 되는 걸까?"

"오답 처리 되니까요."

"이 풀이는 논리적 비약이야."

"어쨌든 답은 맞잖아요."

수업 시간에 자주 벌어지는 상황이야. 학생들은 대체로 수학을 공부해야 하는 이유는 시험을 잘 봐야 하기 때문이고, 문제 유형을 외우고 풀이를 익히는 이유도 시험 점수를 잘 받기 위해서고, 수학적으로 오류가 있는 풀이를 받아들이는 이유도 어쨌든 답만 맞으면 되기 때문이라고들 생각해.

사실 나도 그랬어. 수학을 원래 좋아하기는 했지만, 그래도 시험이 가장 중요한 학습 동기였어. 중2 때 우연히 평소보다 높은 점수를 받았고 그게 자극이 되어 수학을 더 열심히 공부하게 됐어. 그러다 어느 순간 한계가 오더라고. 수학을 좋아해서 전공도 수학을 선택했는데 막상 대학에 들어가는 순간 흥미를 잃어버렸지.

대학 졸업과 동시에 학원 강사가 됐어. 수학을 공부하는 동기를 설명해 줘야 하는 직업을 갖게 된 거야. 고등학교 때 배웠던 내용을 보고 또 보면서 수학을 공부하는 이유에 대해 다양한 설명을 시도했지.

수학을 가르치는 사람이라면 누구나 수학을 공부하면 '논리적 사고력'을 키울 수 있다고 말해. 현대인에게 수학적 사고는 필수라는 말도 빼먹지 않지. 하지만 그 이유를 피부로 와 닿게 설명하는 건 쉬운 일이 아니야. 그러다 보니 수학을 공부해야 하는 이유는 오직 시험 때문이라고 생각하는 학생이 많아. 이런 관점은 고등학교 졸업 이후까지 계속돼. 전공이나 직업 때문에 수학을 꼭 공부해야 경우가 아니면 자연스럽게 수학과 이별을 고하게 되지.

2년 전에 나는 수학 교양서를 한 권 낸 적이 있어. 그때 주변에서는 이런 반응을 보이는 사람이 적지 않았어.

"이젠 근의 공식도 생각나지 않아."

그 말에 이어지는 나의 간절한 호소.

"이 책은 수학 문제집이 아니야. 수식은 별로 나오지 않아."

그래도 한결같은 반응.

"아니, 수학책이라면 쳐다보기도 싫다니까."

왜 우리는 수학을 그렇게 오래 배우는데도 수학의 필요성을 잘 실감하지 못할까? 성인이 되고 나면 대부분 까먹을 수학을 왜 그리 많은 시간과 노력을 들여 배우는 걸까? 이 질문에 계속 답하다 보니 어느새 이 책까지 쓰게 되었어. 동기 부여가 잘되면 공부가 조금은 더 즐거워질 테고, 그럼 학습 효과도 저절로 올라갈 거야. 동기가 확실한 사람은 누구보다 신나게 공부에 몰입할 수 있을 테니까.

아무쪼록 이 책이 수학 공부에 다양한 동기를 유발해 줄 수 있기를 바라. 그런 마음이 이 책을 쓰는 나에게 강력한 동기를 유발해 준 것처럼.

차 례

열 살 논리력 여든 간다

1

혹시 초등학교에서 중학교로 올라가면서 수학이 갑자기 어려워졌다고 느꼈니? 그건 그냥 느낌일까, 아니면 중학 수학은 정말로 뭔가 더 어려운 걸까? 지금부터 그 답을 찾아보자.

'삼각형의 내각의 합은 180°이다.'

이것 언제 처음 배웠는지 기억나? 이 내용은 초등학교 4학년 1학기 수학 교과서에 처음 나와. 예를 들면 이런 식이야.

삼각형을 그려서 세 각의 크기의 합을 알아보아요.

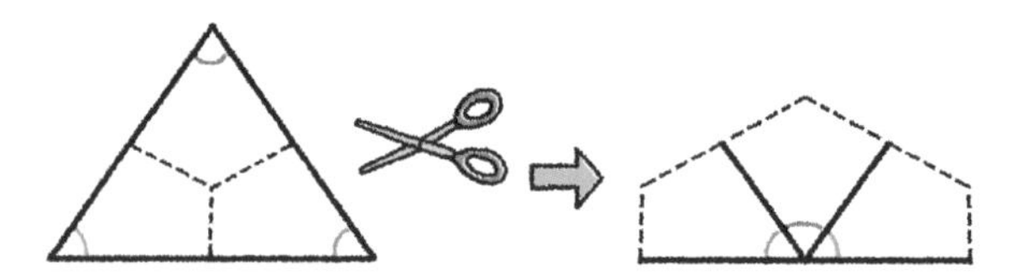

삼각형의 세 각의 크기의 합은 180°이다.

삼각형 내각의 합이 왜 180°니? 가위로 잘라서 붙여 봐. 180°잖아? 초등학교 교과서에서는 이렇게 설명하고 있어.

그럼 중1 때는 같은 내용을 어떻게 배우는지 한번 볼까? 바로 아래 그림처럼 설명해. 점 A를 지나면서 직선 $\overline{BC}$에 평행한 직선을 그리고, 엇각이 서로 같다는 성질을 이용하면 $a+b+c=180°$가 되지.

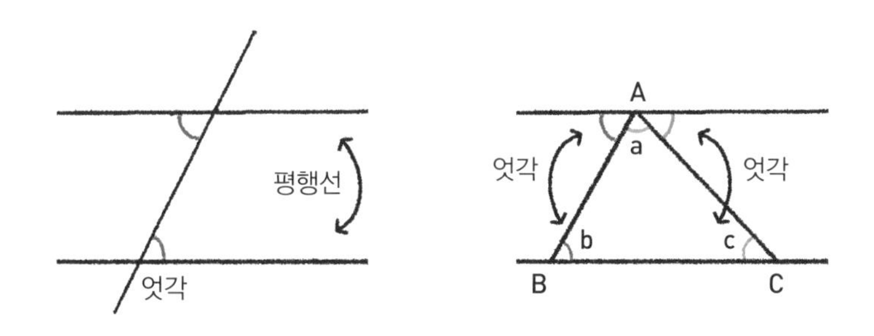

중학교 1학년 이상이라면 벌써 학교에서 배웠을 텐데 기억나니? 그럼 이 둘의 설명 방식 사이에 어떤 차이가 있을까?

핵심은 바로 중학교 때부터 '증명'을 시작한다는 거야. 초등학교 수학에서는 대부분 이해하기 쉽게 그림으로 설명해. 그다음에는 체험해 보라 하지. 직접 그려 보고 잘라 보고 붙여 보면서 느끼라는 거야.

그런데 중학교 수학은 그렇지 않아. 기본적인 사실을 몇 가지 알려 주고('평행선에 대해 동위각, 엇각이 같다.') 그것을 이용해서 증명('삼각형의 내각의 합은 180°이다.')을 해 보라고 해. 이 차이는 어마어마한 거야. 중학교에서부터는 '논리적 사고'를 시작하는 거거든.

또 다른 예를 들어 보자.

[문제 1]
각도를 어림한 뒤,
각도기로 재어 보세요.

어림한 각도: 약 (　　)°
잰 각도: (　　)°

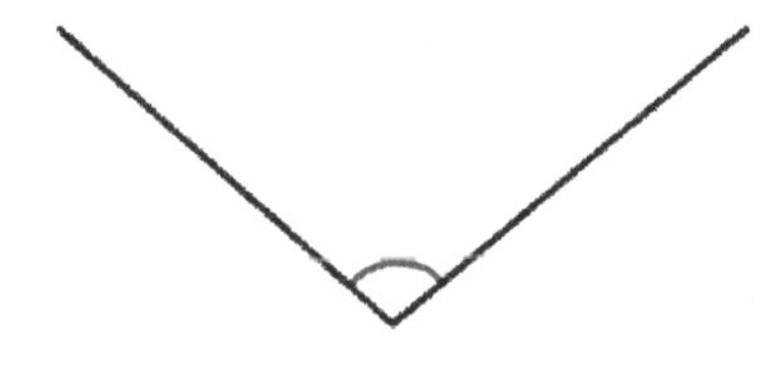

[문제 2]
직사각형 ABCD에서
점 C가 대각선 BD 위의
점 P에 포개어지도록 접는다.
∠DBC=38°일 때
∠CPQ의 크기는 얼마인가?

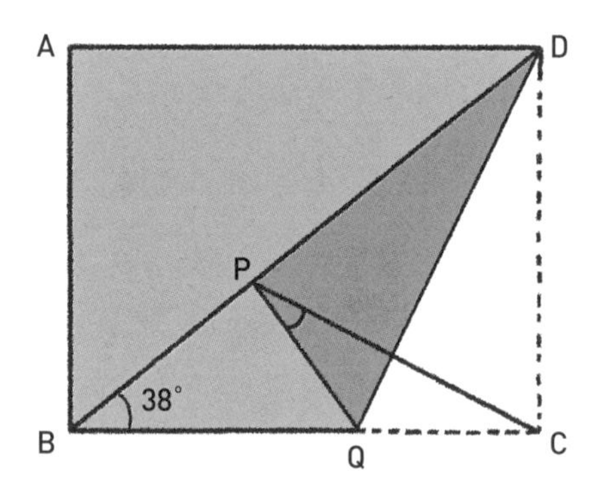

[문제 1]은 초등학교 4학년 책에, [문제 2]는 중학교 1학년 책에 나와. 똑같이 각의 크기(각도)를 찾는 문제인데 초등학교에서는 각도기로 재어 보라고 하잖아. 하지만 중학교에서는 삼각형 합동의 성질을 이용해서 풀어야 해. 삼각형의 내각의 합이 180°라는 사실도 이용해야 하지. 몇 단계를 거쳐야 문제가 풀리는 거야.

[문제 2]의 답은 26°야. 그런데 만약 각의 크기를 각도기로 재어 봤다고 해 보자. 26°랑 비슷하게 나오기야 하겠지만, 저 각이 25.9°인지 26.1°인지 아니면 26.00001°인지 어떻게 설명하지? 어차피 26°와 26.00001°는 눈으로 보고 구분해 내기도 어려운데 어떻게 26°라고 확신하지? 맞아, 그래서 [문제 1]에는 사실 답이 없어. 문제를 잘 보면 '각의 크기'가 아니라 '잰 각도'를 쓰라고 하잖아. 논리적으로 정확한 값이 아니라는 뜻이지.

그런데 증명 과정을 보면 뭔가 이상하지 않아? 수학적으로 인과 관계를 설명하려면 이미 밝혀진 내용을 사용해야 하잖아. 그리고 이미 밝혀진 내용은 또 그 전에 밝혀진 내용을 사용해야 하고. 이렇게 계속 올라가면 대체 증명은 어디서부터 시작해야 하는 거지?

예를 들어 쉽게 알아보자.

평면 위의 한 점 O에서 일정한 거리에 있는 모든 점으로 이루어진 도형을 원이라 하고, 이것을 원 O로 나타낸다. 이때 점 O는 원의 중심이고, 중심에서 원 위의 한 점을 이은 선분이 원의 반지름이다.

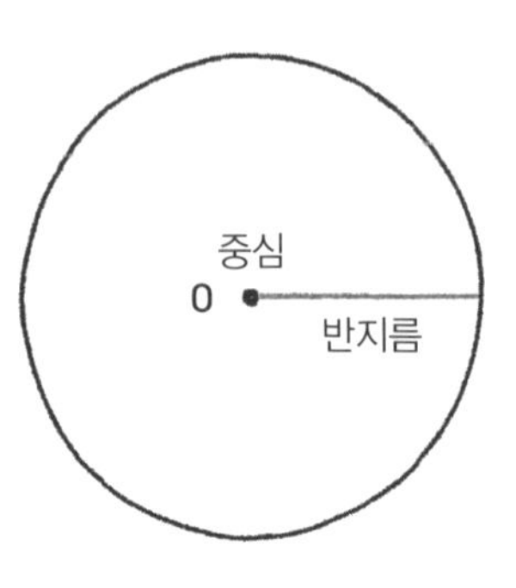

이것은 중학교 1학년 수학 교과서에 나오는 원에 대한 '정의'야. 정의는 일종의 약속이야. 앞으로 이런 조건을 만족하면 원으로 부르자고 약속하는 거지. 이 약속에 따르면 '원이란 평면 위의 한 점에서 일정한 거리에 있는 모든 점으로 이루어진 도형'이야. 이 정의를 어떻게 사용하는지 보자.

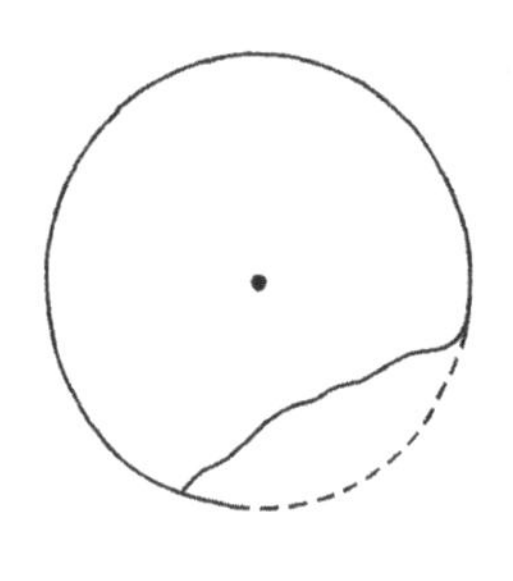

경주 얼굴 무늬 수막새(보물 제2010호)

이 사진은 '신라의 미소'라고 불리는 우리 보물 '경주 얼굴무늬 수막새'야. 수막새는 지붕 처마 끝에 사용했던 기와의 한 종류지. 1972년 일본으로부터 돌려받은 이 문화재는 아쉽게도 일부분이 깨져 있어. 이 문화재를 온전히 복원하려면 원의 일부를 가지고 완전한 원을 찾아야 해. 그러려면 원의 중심을 찾아야 하지.

자, 지금부터 원의 중심을 찾아볼까?

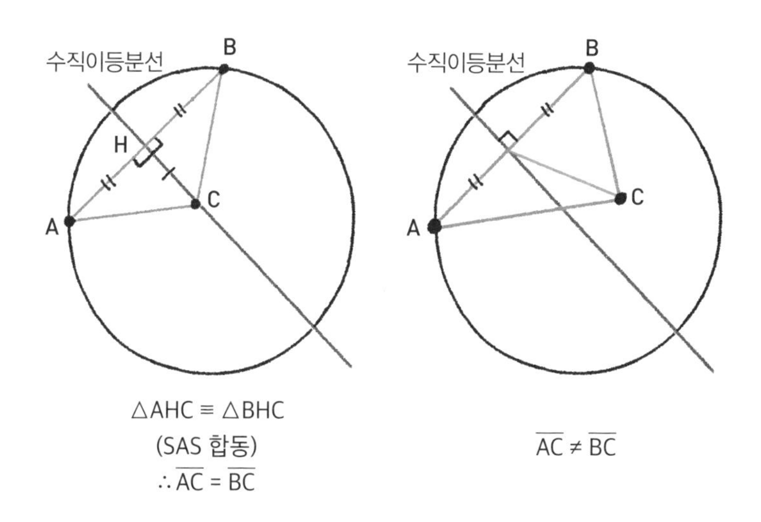

우선 위의 그림처럼 원 위에 있는 임의의 두 점 A, B에 대해, 현 $\overline{AB}$의 수직이등분선을 그려 보자. 그러면 $\triangle AHC$와 $\triangle BHC$

가 합동이기 때문에 $\overline{AC}=\overline{BC}$가 성립해. 반면 점 C가 수직이등분신 바깥에 있으면 $\overline{AB}$와 $\overline{AC}$의 길이가 달라. 원의 정의를 생각해 봐. 원 위에 있는 점(A, B)는 중심으로부터 거리가 같아야 하니까 수직이등분선 밖에 있는 점은 원의 중심이 될 수 없겠지?

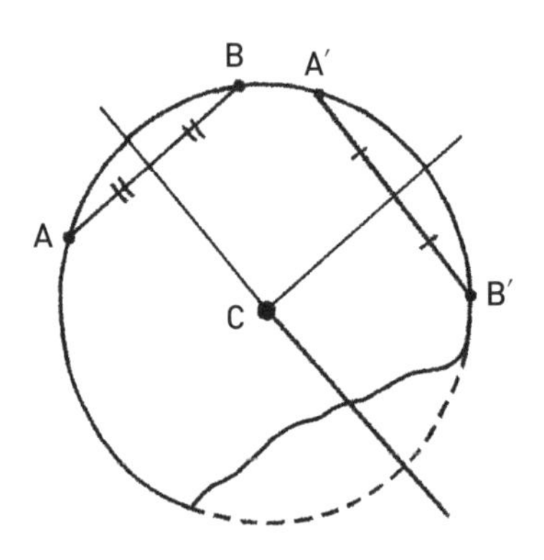

자, 그럼 위와 같이 또 다른 현 $\overline{A'B'}$의 수직이등분선을 그리면 이 두 수직이등분선의 교점 C가 원의 중심이 되겠지. 결국 '원이란 평면 위의 한 점에서 일정한 거리에 있는 모든 점으로 이루어진 도형'이라는 정의가 증명 과정의 핵심을 이루지.

이런 설명 방식을 다시 초등학교 교과서와 비교해 보자.

다음 그림에서 O 모양을 찾아볼까요?

위 사례는 초등학교 2학년 수학책에 나오는 원에 대한 설명의 일부야. 그냥 그림으로 보여 주고 있지? 직관적으로 와 닿기는 하는데 이런 설명 방식으로 뭔가를 증명하기는 어려울 거야.

지금까지 한 이야기를 요약해 보면 초등학교에서는 관찰과 실험을 통해 수학을 감각적으로 익히도록 하는 반면 중학교에서는 논리적 인과 관계를 요구해. 인과 관계를 설명하는 과정을 증명이라고 부르지. 그 증명은 정의와 같은 약속에서부터 출발하고.

그러니 학년이 올라갈수록 수학이 어렵게 느껴지는 것은 당연해. 수학은 문장 하나하나를 그냥 느낌으로 설명하지 않아. 마치 추리 소설에서 범인을 찾듯 누구도 부정할 수 없는 조각들을 이용해서 명확한 인과 관계를 추적해 내지. 게다가 수학은 지식 자체가 계단식으로 구성되어 있어서 앞서 배운 내용을 이해하지 못하면 그다음 단계로 넘어갈 수가 없지.

어떤 사람은 '저 각의 크기를 알아내는 게 뭐 그리 중요하겠어?' '원의 중심이 현의 수직이등분선 위에 있다는데, 그래서 뭐 어쩌라는 거야?' 이렇게 생각할 수도 있어. 학교를 졸업하고 나면 배웠던 수학 지식을 대부분 잊어버리니까. 하지만 수학을 공부하며 몸에 밴 사고방식은 평생 남지. 그리고 이런 사고방식이 나중에 사회생활을 하는 데도 크게 도움이 돼.

현대 사회는 수학적 사고 체계를 바탕으로 세워졌다고 말해도 지나친 과장은 아닐 거야. 사람들이 모여 사회를 구성하고 살려면 규칙이 필요해. 그리고 그 규칙은 모두가 받아들일 수 있는 논리에 기초해야 해. 이유를 정확히 설명할 수 없는데, 그냥 "느낌상 맞을 거 같아. 그러니 받아들여." 이러면 가족이나 친구끼리야 봐줄 수 있지만, 사회적인 규칙이 될 수는 없잖아. 이제 왜 수학을 논리적인 학문이라고 하는지, 우리가 수학을 통해 무엇을 배우는지 조금 느낌이 오지?

기억해 줘. 수학은 단순 지식을 가르치는 학문이 아니라 사고방식을 가르치는 학문이고 수학을 배우면 수학 특유의 사고방식이 평생 남는다는 사실을.

몸으로 느끼는 수학

2

실내 암벽 등반(클라이밍)을 배울 때였어. 재미있게도 강사가 계속 수학 용어를 써서 설명하는 거야. 그래서 '금방 이해할 수 있겠는데?' 하는 생각이 들었지. 참 마음에 들었어. 예를 들면 이런 식이야.

"몸을 삼각형으로 만드세요."

"삼각형과 역삼각형 형태로 교대로 스텝을 밟으며 옆으로 이동하세요."

"무게 중심이 내 몸 한가운데로 오도록 자세를 취하세요."

클라이밍 기본자세. 이등변삼각형이 되도록 자세를 취한다.

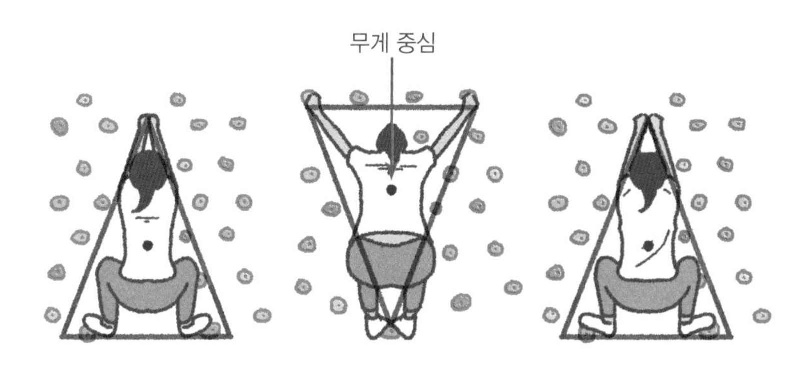

실내 암벽 등반 초보 때 배우는 옆으로 이동하기.
몸이 삼각형과 역삼각형 형태가 되도록 하며 이동한다.

수학과 함께하는 실내 암벽 등반은 지루하지 않아서 좋았어. 몸이 건강해지는 기분도 들었고. 뭔가를 배우면서 점점 나아지는 자신을 지켜보는 건 참 만족스러운 일이야.

그런데 너무 열심히 하다가 그만 어깨 근육과 손목 연골에 부상을 입고 병원 신세를 지게 됐어. 내 평생 그렇게 주사를 많이 맞아 본 적이 없어. 특히 손목에 맞는 주사는 가장 무서웠어. 손목에는 주사를 정말 천천히 놓더라고. 매번 주사를 맞아도 그 시간은 항상 긴장이 가득했는데 그 와중에도 왜 주사를 천천히 놓는지 추측해 봤어.

"손목에 공간이 좁아서 그런지 부피가 금방 팽창하네요. 그래서 천천히 놓으시는 거죠?"

그랬더니 의사 선생님이 이렇게 칭찬하시는 거야.

"네. 지금까지 손목 주사를 맞은 환자 중에 수학적으로 가장 정확하게 묘사하셨어요."

암벽 센터에서, 병원에서 수학 이야기를 듣다니, 역시 수학은 의미를 정확하게 전달할 때 도움이 많이 된다는 것을 깨달았어.

직업이 수학 선생님이다 보니 어떻게 하면 학생들에게 개념을 쉽게 설명할 수 있을까 늘 고민해. 15년째 같은 내용을 설명하는데도 해마다 설명 방식이 조금씩 달라져. 학생들의 반응을 보면서 설명 방식을 계속 바꿔 보는 거지. 함수나 도형을 설명할 때는 이런 말을 자주 해.

"네 몸이 그래프나 도형이라고 생각해 봐."

얼핏 보면 앞서 1장에서 설명한 수학적 사고방식과 좀 다르다는 느낌을 주지. 수학은 철저하게 뇌로 사고하는 학문이고 논리로 승부한다고 해 놓고서는, 몸으로 느껴 보라니 이상하잖아. 그런데 분명히 (상상으로) 몸을 사용해서 상황을 파악할 때, 이해력이 올라가는 경우가 있어. 문제의 상황에 몰입도 훨씬 잘되고 말이야.

"무한히 늘어날 수 있는 고무줄 위를 개미가 10m/min의 속력으로, 직선으로 기어가고 있다. 처음 고무줄의 길이는 20m였고, 1분이 지나는 순간마다 길이가 2배로 늘어난다고 하자. 고무줄의 한쪽 끝에서 출발한 개미는 결국 다른 쪽 끝에 도달할 수 있을까?"

수학을 가르치다 보면 이런 응용문제도 많이 보게 되거든. 어렵다고 학생들이 포기하려고 할 때마다 이렇게 얘기하지.

"네가 개미라고 생각해 봐."

그래도 개미로 변신하기 쉽지 않은 아이들을 위해서는 이렇게 '당근'도 제시해.

"네가 개미가 되어 고무줄 끝에 도달할 수만 있다면 피자 한 판 쏜다."

자, 우리 다 같이 지금부터 개미가 되어 볼까? 개미의 마음으로 기어가다 보면, 아래와 같은 결과를 맞이하게 된다는 것을 알 수 있을 거야.

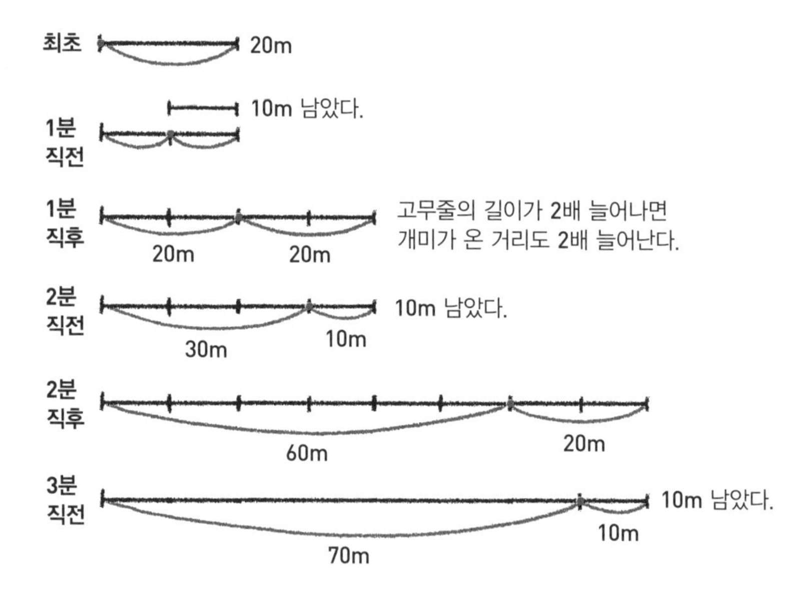

그림을 보면 개미는 항상 목표를 10m 앞에 두고 도달하지 못한다는 결론에 이르게 돼. 개미의 안타까운 심정이 조금 납득이 되니?

이렇게 몸으로 느끼는 경험이 수학적 사고에 얼마나 도움이 될까? 정확하게 결론을 내리기는 힘들지만 이 주제로 연구를 한 사람도 있어.

최근 자료에서는 성별에 따른 수학 성취도 차이가 거의 없지만, 1990년대까지만 해도 국어와 영어 성적은 여학생이 높게, 수학 성적은 남학생이 높게 나타났었어. 이를 두고 왜 그럴까 분석을 했어. 특히 수학의 공간 지각 능력에서 성별 차이가 많이 났는데 어려서부터 공간을 마음껏 누빈 경험의 차이가 영향을 미쳤으리라는 가설이 있었어. 즉 예전에는 남자아이들이 훨씬 더 활동적으로 움직이며 컸기 때문이라는 거야. 이런 가설은 과학적으로 증명하기가 쉽지는 않지만 어느 정도 새겨들을 부분도 있는 것 같아. 운동장에서 뛰든 게임을 하든 몸으로 체험한 경험이 공간 지각 능력에 영향을 미칠 수 있으니까.

수학 문제를 풀 때 얼마나 그 상황에 몰입할 수 있느냐는 대단히 중요한 요소야. 어떤 개념을 깊이 이해하고 나면 몸의 감각을 사용하지 않아도 그 개념을 자유롭게 활용할 수 있겠지.

하지만 처음 개념을 익힐 때는 상황을 몸으로 느끼는 경험이 몰입도에 차이를 만들어 내. 그래서 초등학교에서 처음 수학을 배울 때 다양한 그림과 체험 학습을 이용하는 거지.

그러니 이제부터 새로운 개념을 배울 때는 몸의 감각을 한껏 열어 두는 건 어떨까? 그래프를 배울 때는 내가 그래프가 되었다고 상상하고, 도형을 배울 때는 내가 도형이 되었다고 상상해 보는 거야. 그리고 진짜로 손으로 그려 보는 거야. 실제로 대학생들도 이렇게 공부해. 대학에서 지금도 유일하게 컴퓨터로 타이핑을 하지 않고 직접 손으로 리포트를 작성하는 학과가 수학과야. 수학은 종이와 펜만 있다면 언제든 자유롭게 생각의 나래를 펼칠 수 있어.

혹시 손에 남겨진 감각에도 기억이 있는 것은 아닐까? 가끔 머리보다 손이 먼저 나아가 무언가를 쓰고 있을 때 그런 생각이 들어.

봄은 언제 시작되는 걸까?

3

내가 고등학교 때 등교 시간은 아침 7시 30분까지였어. 정말 빨리 학교에 갔지?

그래서 머리맡의 시계 알람은 항상 6시 53분에 맞추어 놓았어. 50분도 아니고 55분도 아니고 꼭 53분. 1분이라도 더 자야 했으니까. 일어나자마자 필요한 것을 챙겨 학교에 갔을 때 간신히 지각을 피할 수 있는 기상 시각이 정확히 6시 53분이더라고.

매일 정확히 똑같은 시간에 똑같은 길로 산책을 했다는 철학자 칸트처럼, 나는 언제나 같은 시간에 같은 길을 걸어 학교에 갔지. 같은 시간에 같은 길을 걸었지만 어떤 때는 아침이었고, 어떤 때는 새벽이었어. 아직 해도 뜨지 않은 까만 새벽길을 걸을 때는 조금 무거운 기분이 들었어. 언제까지 이렇게 어두운 시간에 하루를 시작해야 하는 걸까? 집을 나설 때 이미 환하게 밝아 있던 날에는 기분도 조금 좋아졌지. 그리고 때때로 신기했어. 계절이 바뀌면서 새벽이 아침으로 바뀌고, 다시 아침이 새벽으로 바뀌는 그 시간이.

그런데 내 기억은 정확한 걸까? 어느 날 궁금해서 인터넷을 뒤져 봤어. 한국천문연구원이 운영하는 천문우주지식정보(http://astro.kasi.re.kr)에서 검색해 보니 2020년 기준으로 6월 21일(하지)에는 5시 11분에 해가 떴고, 12월 21일(동지)에는 7시 43분에 해가 떴어. 아, 내가 정말 새벽과 아침 사이에 길을 걸었던 것이 맞는구나!

그 길을 걸을 때면 이런 궁금증이 자주 일었어. 도대체 새벽과 아침의 경계는 언제일까?

이렇게 경계가 모호할 때 경계를 찾는 방법이 궁금할 때가 있어. 비가 내리는 곳과 내리지 않는 곳의 경계는 어디일까? 그 경계에 서 있으면 한쪽 팔만 비에 젖는 일도 가능할까? 봄은 언제 시작되는 걸까? 정확히 몇 월 며칠에 에스엔에스(SNS)에 "오늘부터 봄이 시작되었다."라고 남길 수 있을까? 투기와 투자, 게임과 도박의 경계는 뭘까? 언제쯤 게임을 하며 "이건 건전한 취미 활동이라고요!" 하고 당당하게 부모님에게 말할 수 있는 날이 올까?

그래서 이번에는 봄의 정의를 찾아봤어. 날씨를 연구하는 기상학적 관점에서 봄이 시작되는 날이란 "일평균 기온이 5°C 이상으로 올라간 후 다시 떨어지지 않는 첫날"로 되어 있어. 자, 그럼 올해 2021년에는 언제 봄이 왔는지 알아볼까?

2021년 2월 말~3월 초 일평균 기온

날짜	2.22	23	24	25	26	27	28	3.1	2	3	4	5
일평균 기온(°C)	4.3	6.0	6.7	6.2	5.3	4.9	5.7	6.4	6.6	6.4	6.1	6.0

출처: 기상청 날씨누리(https://www.weather.go.kr), 서울 기준

2월 23일(6.0°C)에 처음으로 일평균 기온이 5°C 이상 올라갔으니 이날이 봄의 시작일까? 아니야. 27일(4.9°C)에 다시 5°C 아래로 떨어졌으니까. 28일(5.7°C)에 다시 5°C 이상 올라간 후에는 그 아래로 떨어진 적이 없어. 그러니까 2021년, 서울 기준으로 봄 시작일은 2월 28일인 거야. 3월도 여전히 춥다고 느낄 때가 많았는데 예상과 달리 2021년에는 2월에 벌써 봄이

시작되었다는 사실을 알게 됐어.

이쯤에서 이런 궁금증이 생길 거야. “아니, 그게 뭐가 중요해? 그냥 각자 느낀 대로 봄을 맞이하면 그만이지, 봄의 시작을 언제로 할 것인지까지 합의해야 해?” 그렇게 생각할 수도 있지만 이건 의외로 중요한 문제일 수도 있어. 그 이유를 간단히 이야기해 볼게.

지구가 점점 따뜻해지고 있다는 건 다 알지? 지구 온난화가 심각해져서 북극의 얼음이 많이 녹고 북극곰이 살 곳을 잃어 개체 수가 줄어들고 있다는 이야기는 많이 들어 봤을 거야. 환경 파괴로 인해서 기상 이변은 점점 더 심해지고 있고 우리 삶에도 큰 영향을 미치고 있잖아. 지구 온난화의 주범으로 지목받는 온실가스의 대표 주자는 이산화탄소(CO_2)야. 이산화탄소는 주로 석유나 석탄 같은 화석 연료가 연소되는 과정에서 발생하기 때문에 전 세계 국가들이 힘을 합쳐 사용량을 줄여야 해결할 수 있어.

자, 이제 환경을 위해 법을 개정해서 석유로 가는 자동차는 사용을 금지하려 한다고 해 봐. 누군가는 좋은 돈벌이를 포기해야 하니까 법 개정에 반대할 수도 있겠지?

“지구가 뜨거워지고 있다는 증거를 대시오.”

그 사람은 이렇게 주장할지도 몰라. 객관적인 증거를 대지 않으면 법 개정에 동의할 수 없다고. 그러면 정말 난감한 상황이 되겠지?

봄의 시작일 평균

기간	시작일
1912년~1920년	3월 17일
1921년~1930년	3월 19일
1931년~1940년	3월 19일
1941년~1949년	3월 14일
1954년~1960년	3월 15일
1961년~1970년	3월 14일
1971년~1980년	3월 15일
1981년~1990년	3월 10일
1991년~2000년	3월 2일
2001년~2010년	3월 8일
2011년~2019년	2월 28일

출처: 기상청

이럴 때 앞서 조사한 봄의 시작일을 제시하는 거야. 위의 표를 보면 2021년 봄이 시작된 2월 28일은 2011~2019년 봄의 시작일 평균과 비교해 보면 13일이 빠르고, 100년 전과 비교해 보면 20일이 빨라. 불과 100년 만에 봄이 20일이나 빨리 시작되다니, 심각하지? 특히 최근 10년 사이에는 13일이나 빨라졌다니 기후 변화가 진행되고 있다는 것이 실감 날 거야.

이제 왜 용어의 정의에 대한 명확한 합의가 중요한지 알겠지? 이미 존재하는 법, 제도, 시스템을 바꾸면 이득을 보는 사람과 손해를 보는 사람이 생겨. 그럴 때 상대방을 설득하려면 명확한 논리와 증거가 필요하고 그 시작은 합의된 용어에서부터 출발해야 해.

일상생활에서도 같은 말을 서로 다른 의미로 사용한다면 대화가 잘되지 않을 거야. 하지만 수학의 세계에서는 그럴 일이 없지. 의미가 모호한 용어는 애초에 사용하지 않기 때문이야.

한 가지 더 예를 들어 보자. '볼록하다'라는 말은 어느 때 쓸까? 배가 볼록하다고 하면 저마다 판단 기준이 다를 수밖에 없어. 어떤 사람이 보기엔 볼록한 배도 누군가에게는 아닐 수 있으니까. 하지만 수학에서는 주관적인, 즉 사람마다 판단이 다른 정의는 사용하지 않아.

다음 그림에서 도형에 포함되는 두 점을 아무렇게나(임의로) 잡아 선분을 만들어 봐. 그 선분이 왼쪽처럼 도형에 온전히 포함되면 그 도형을 '볼록'하다고 정의해. 반대로 오른쪽 그림처럼 두 점을 잇는 선분이 일부라도 도형 밖으로 나가면 볼록한 도형이 아니야.

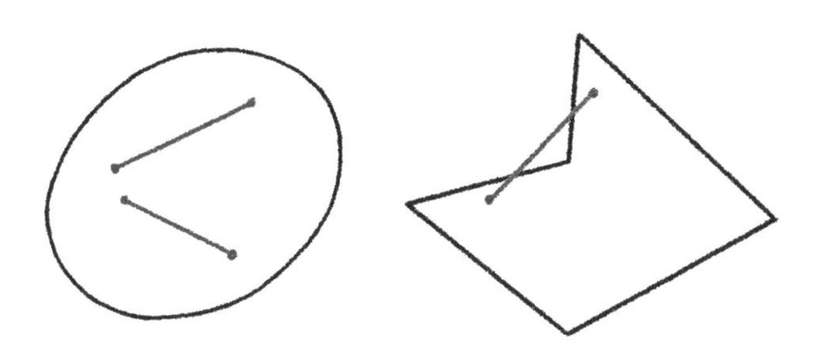

이처럼 수학은 말의 의미를 명확히 하는 데 최적화되어 있어. 우리가 수학적 사고를 배운다는 것은 사용하는 용어부터 그 의미를 명확히 한다는 뜻이야. 그래서 사람들은 수학적 사고에 익숙한 사람을 두고 무척 까탈스럽다거나, 매사에 너무 심각하다고 생각하기도 해. 하지만 수학적 사고가 필요한 순간은 점점 늘어날 거야. 생각해 보면 수학이라는 언어만큼 꼼꼼하고 섬세한 언어도 없거든. 장점을 어떻게 잘 살리느냐에 따라서 말이지.

쓸모가 없어도 호기심을 끌어당긴다

4

나는 어릴 적에 지도를 참 좋아했어. 스마트폰이 없고 종이 지도가 전부였던 시절에 『사회과 부도』는 제일 좋아하는 교과서였어. 『사회과 부도』를 보면서 괜히 국가별 수도를 외우기도 하고, 부록에 달려 있던 '세계에서 가장 높은 산'이나 '세계에서 가장 깊은 호수' 따위를 외우기도 했어. 지금은 모두 인터넷에서 손쉽게 알아낼 수 있는 정보지만 그땐 그렇지 않았거든.

지도를 잘 그리려면 다양한 수학 지식이 필요해. 특정 위치를 정확하게 표시하기 위해서는 위도, 경도와 같은 좌표 개념이 필요하고, 지형을 일정한 비율로 축소할 때는 닮음의 원리가 필요하지. 가 보지도 않은 산의 높이를 잴 때는 삼각비를 사용해. 구면상(지구)에 존재하는 점을 평면상(지도)의 점으로 대응시키는 방법을 도법(투영법)이라고 부르는데, 투영법을 알려면 좀 더 깊이 있는 수학 지식이 필요해.

다음 지도들을 봐. 시간이 지날수록 놀라울 정도로 정교해지고 있지? 수학의 관점에서 보면 정교할수록 훌륭한 지도라는 생각이 들 거야. 그런데 우리의 상식과 달리 의도적으로 정교함을 포기하고 그리는 지도도 있어. 대표적으로 지하철 노선도가

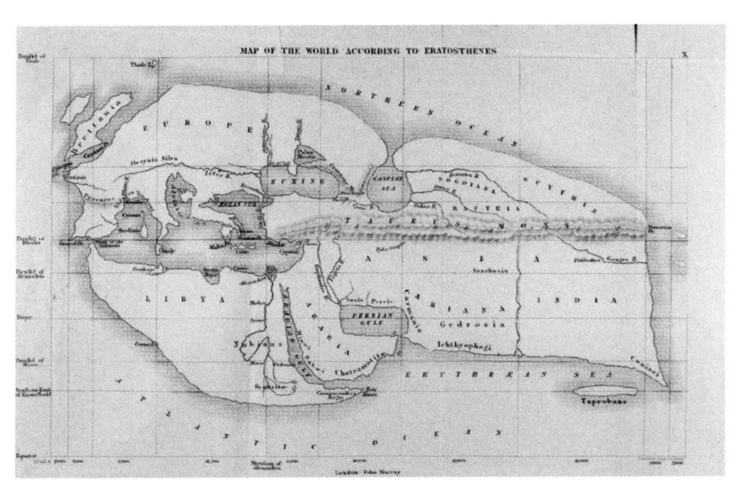

기원전 194년경 제작된 에라토스테네스의 세계 지도(19세기에 복원)

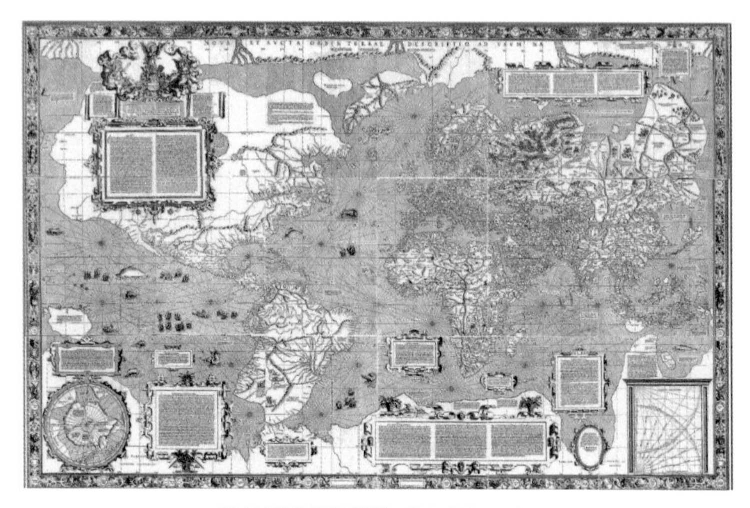

1569년에 만들어진 메르카토르 지도

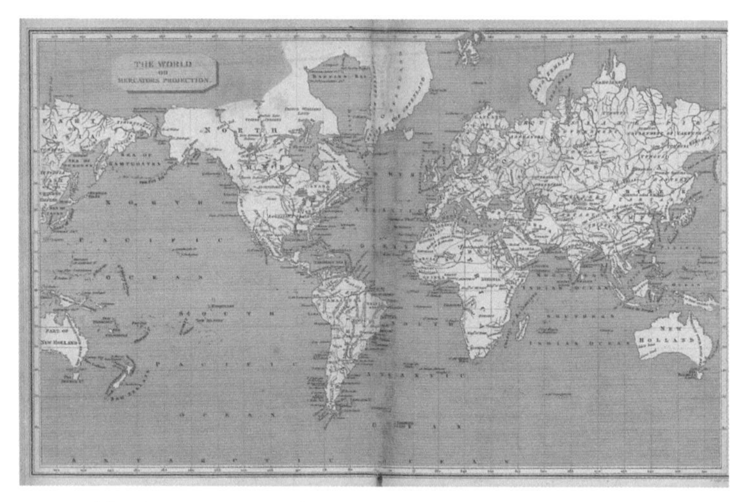

1820년 『세계 백과사전 1820(world cyclopedia 1820)』에 수록된 세계 지도

그런 지도야.

지하철 2호선 노선도를 실제 지도와 비교해 보자. 실제 지도에서 사당역부터 방배역, 서초역, 교대역, 강남역, 역삼역까지 훑어보면 방배역에서 서초역 사이는 곡선으로 이어져 있지. 역과 역 사이의 거리도 지하철 노선도처럼 일정하지 않아.

한마디로 지하철 노선도는 실제 지도처럼 정교하지 않아. 하지만 지하철을 이용할 때는 오히려 노선도가 더 편리해. 사당역 다음이 방배역이고, 교대역에 가야 3호선으로 갈아탈 수 있으며, 사당역에서 강남역까지는 3개 역을 경유해야 한다는 사실을 쉽게 파악할 수 있으니까. 지하철 노선도는 역과 역 사이의 '연결 상태'만 보여 주기 때문이야.

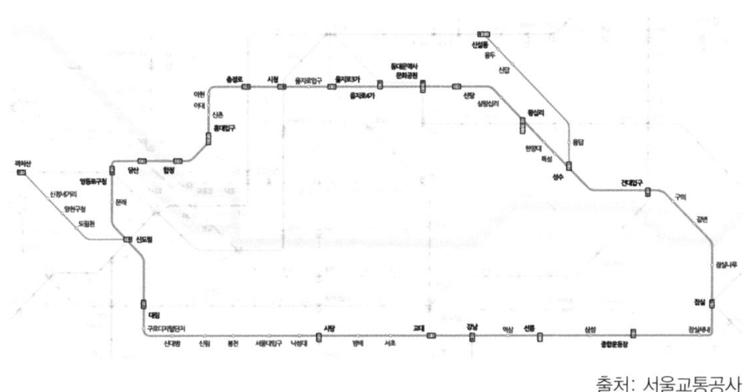

출처: 서울교통공사

지하철 2호선 노선도

이렇게 구체적인 모양과 상관없이 도형의 연결 상태를 연구하는 수학 분야가 있어. 위상기하학(topology)이라는 분야야. 이에 따르면 원과 타원처럼 '닫힌곡선'은 모두 평면을 안쪽과 바깥쪽으로 나누지. 이렇게 연결 상태가 같은 도형을 위상동형이라고 불러. 아래는 모두 위상동형이라 할 수 있어.

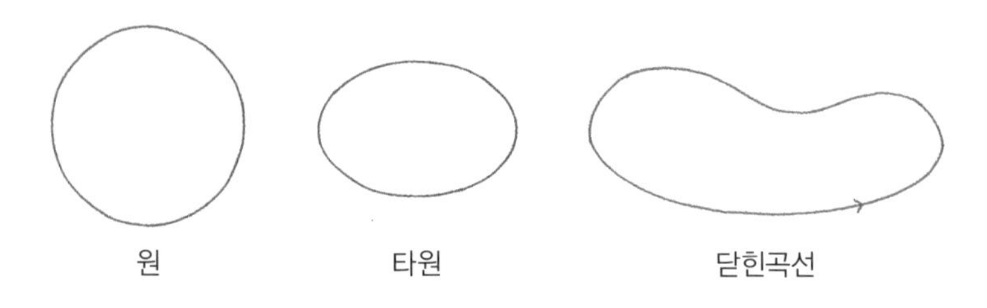

입체도형으로 확장해 보면 정다면체 5가지는 모두 구와 연결 상태가 똑같은 위상동형이야. 공간을 안쪽과 바깥쪽으로 나누니까. 신기하게도 위상동형인 도형들은 수학적으로 공통된 특징을 갖고 있어.

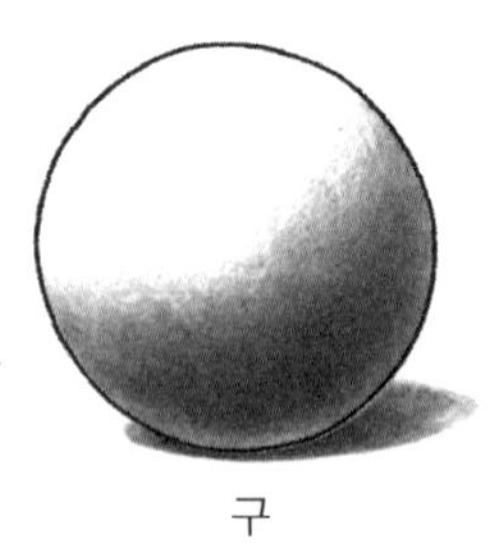

이름	모양	꼭짓점 개수 (v)	모서리 개수 (e)	면의 개수 (f)	v−e+f
정사면체		4	6	4	2
정육면체		8	12	6	2
정팔면체		6	12	8	2
정십이면체		20	30	12	2
정이십면체		12	30	20	2
축구공		60	90	32	2

이 도형들은 모두 $v-e+f=2$라는 성질을 만족해. 믿기지 않는다면 앞의 표의 그림들을 보며 꼭짓점, 모서리, 면의 개수를 직접 세어 봐도 좋아. 축구공은 직접 세기가 좀 어렵지? 수학이 놀라운 건 눈에 보이지 않는 규칙까지도 논리의 힘으로 찾아낸다는 거야. 연결 상태가 같은 도형끼리 공유하는 규칙($v-e+f=2$)이 존재한다니, 너무 신기하지 않아?

위상수학을 이용한 또 다른 예로 '한붓그리기'를 들 수 있어. 한붓그리기는 수학자 오일러가 푼 문제 때문에 유명해졌어. 바로 이 문제야.

"프레골라강에 있는 7개의 다리를 중복 없이 한 번씩만 이용해서 모두 건널 수 있을까?"

[그림 1]은 지도에 표시된 4개의 구역과 7개의 다리를 나타내고 있지. 이것을 연결 상태만 고려해서 간단히 나타내면 [그림 2]처럼 돼. [그림 3]은 각 점에 연결된 선의 개수를 나타내. 이 값이 홀수면 홀수점, 짝수면 짝수점이라고 부르는데 홀수점이 없거나 2개인 경우만 한붓그리기가 가능해. 예를 들어 보자.

[그림 4]는 홀수점이 두 개야. 어느 홀수점에서 출발하든 다른 홀수점에 도착하는 한붓그리기가 가능해. 어느 점이든 들어왔다 빠져나가면 2개씩 직선이 연결되지.

쾨니히스베르크의 프레골라강을 건너는 7개의 다리

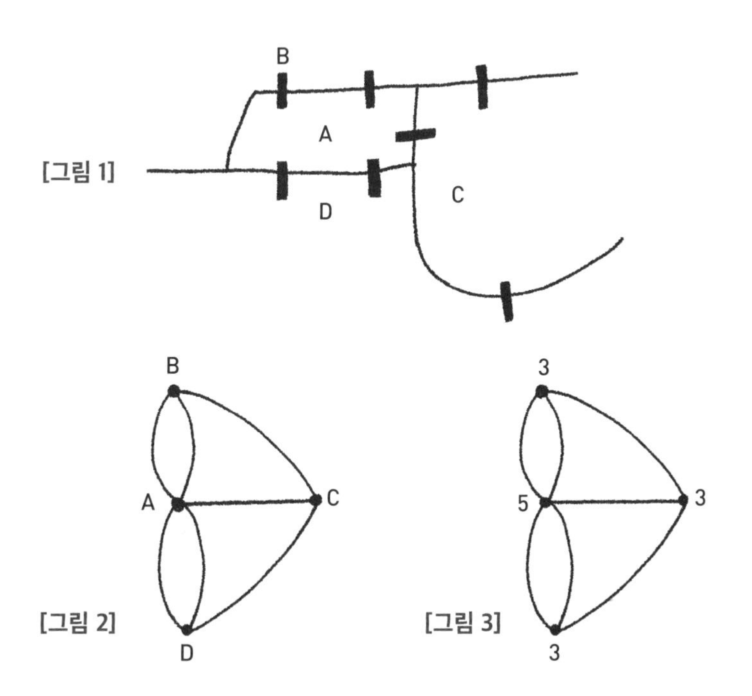

[그림 4]

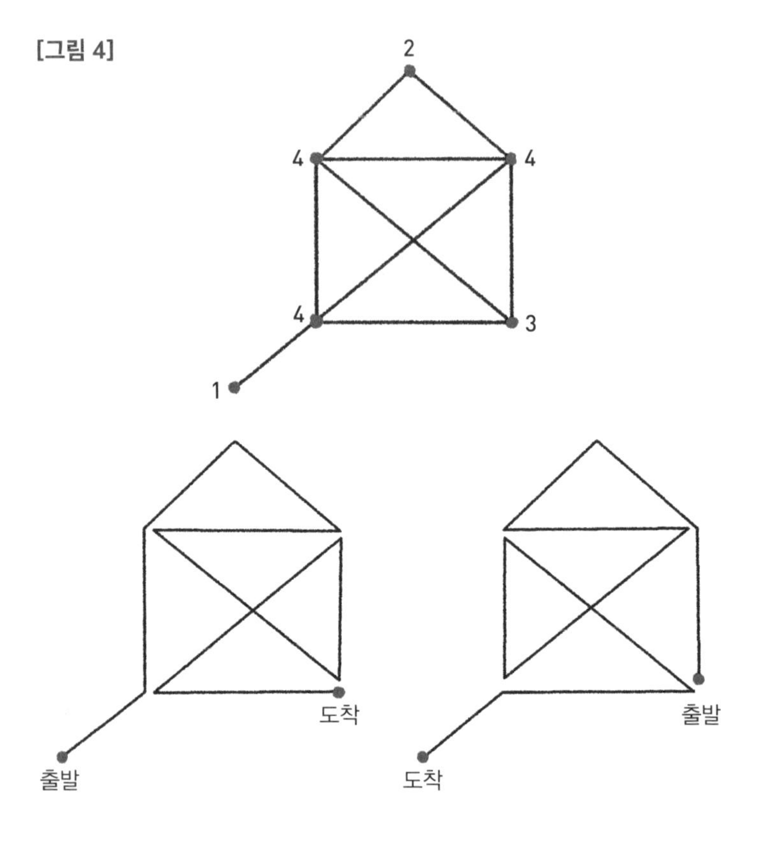

그래서 대부분은 짝수점이 되지만 출발점과 도착점은 그렇지 않아. 그래서 홀수점이 두 개면 그 두 홀수점이 출발점과 도착점이 되는 한붓그리기가 가능해지는 거야.

이런 지식들을 알아서 뭐에 쓰냐고 물으면 딱히 정해진 답은 없어. 가령 한붓그리기의 수학적 원리를 알면 '여러 마을을 잇는 버스 노선을 몇 개나 만들어야 모든 마을을 연결할 수 있을까?' 이런 문제에 쉽게 답을 할 수 있겠지.

하지만 수학은 꼭 그렇게 어디에 사용할 필요가 있어서 연구하지는 않아. 그냥 궁금한 거야. 전혀 수학적으로 보이지 않는 현상에도 수학적 원리가 숨겨져 있다는 사실이 신기한 거지. 그러다 목적 없이 연구한 내용이 아주 긴요하게 쓰이기도 해. 특별한 목적이 없어도, 지적 호기심만으로도 사람을 끌어당길 수 있다는 것은 수학의 큰 매력 아닐까?

잘 세운 수학 모델, 세상을 구한다

5

코로나19 바이러스가 시작된 지도 벌써 1년이 넘었어. 언제쯤 이 답답한 마스크를 벗을 수 있을까?

가끔 호흡이 가빠 마스크를 썼다 벗었다 반복하며 힘들게 수업을 듣는 학생을 보면, 마스크를 벗으라고 말해 주고 싶지만 그럴 수가 없으니 너무 안타까워. 게다가 힘든 건 나 역시 마찬가지야. 3시간 30분 동안 이어서 수학 강의를 하기도 하는데, 마스크를 쓴 채 서너 시간 동안 떠들고 나면 온몸에 기운이 쭉 빠질 정도로 힘들어. 그런 수업을 하루에 두 번쯤 하는 날이면 그날은 더 이상 아무것도 할 수 없는 상태가 돼 버려. 그래도 마스크를 벗을 수는 없어.

이렇게 코로나19의 영향을 많이 받는 직업이라 뉴스를 열심히 보는 편이야. 오늘은 확진자가 몇 명 나왔다, 어디에서 집단 감염이 발생했다, 이런 뉴스가 이제는 일상이 되어 버렸지. 그런데 코로나19 관련 뉴스에도 수학 이야기가 심심치 않게 나오는데 혹시 눈치챘어? 코로나19랑 수학이 무슨 관계가 있는지 생각해 본 적 있어?

코로나19와 관련된 뉴스에는 '수학 모델'에 관한 이야기가 자주 나와. 코로나의 확산 양상을 수학적으로 예측하는 거지. 이런 일을 하는 곳 중에 국가수리과학연구소라는 곳이 있어. 궁금해서 홈페이지(https://www.nims.re.kr)에 가 봤더니 연구 분야로 산업 수학, 감염병 확산 예측 시뮬레이션, 코로나19 확산 예측 등이 나와 있어. 흥미로운 내용이 많아서 더 자세히 들여다봤어.

산업수학기반연구부에는 극 지역 해빙과 한반도 해수면 상승 현상 연구, 공개 키 암호 알고리즘 연구, 디프 러닝(deep learning) 기법을 적용한 중력파 검출기 데이터 분석 연구 같은 내용이 뜨더라고. 의료수학연구부에는 바이오 의료 영상/컴퓨팅 연구, 의료 데이터 분석과 예측 모델 연구, 의료 문제의 수학적 모델링 연구, 감염병 확산 수리 모델링 연구 같은 내용이 떠.

정확히 무슨 일을 하는지는 몰라도 최소한 기후 변화, 암호 연구, 감염병 예측 같은 다양한 분야에서 수학이 쓰이고 있다는 사실은 알겠지? 뭔가 근사하지 않아? 수학을 잘하면 지구도 구하고, 인류도 구할 수 있을 것 같은 느낌이 드는 건 나뿐이야?

홈페이지를 조금 더 살펴볼까? 유난히 많이 보이는 단어가 몇 개 있는데 그중 하나가 모델, 모델링이야. 모델이라니, 패션 모델? '프라' 모델? 롤 모델? 다 맞아. 모두 영어 단어 model에서 나온 표현이거든. model이라는 단어는 모형, 디자인, 직업 모델, 본보기 등 여러 의미로 쓰여. 그중 수학적 모델은 어떤 시스템 내에서 특정 현상이 진행되는 경과를 수학 지식으로 설명해 내는 것을 의미하지. 말이 조금 어려우니 예를 들어 볼까?

초기 모델링의 가장 간단하고 유명한 예로, 토머스 맬서스가 1798년에 쓴 『인구론』이 있어. 이 책에서 맬서스는 "식량은 산술급수적으로 증가하는데 인구는 기하급수적으로 증가한다."라는 표현을 사용해. 100, 101, 102, 103, 104…… 이렇게 일정한 '양'이 증가하는 것을 산술급수적 증가라고 말해. 반면 1, 2, 4, 8, 16, 32…… 이렇게 일정한 '비율'로 증가하는 것은 기하급수적 증가라고 하지. 그래프를 보면 더 쉽게 이해할 수 있을 거야.

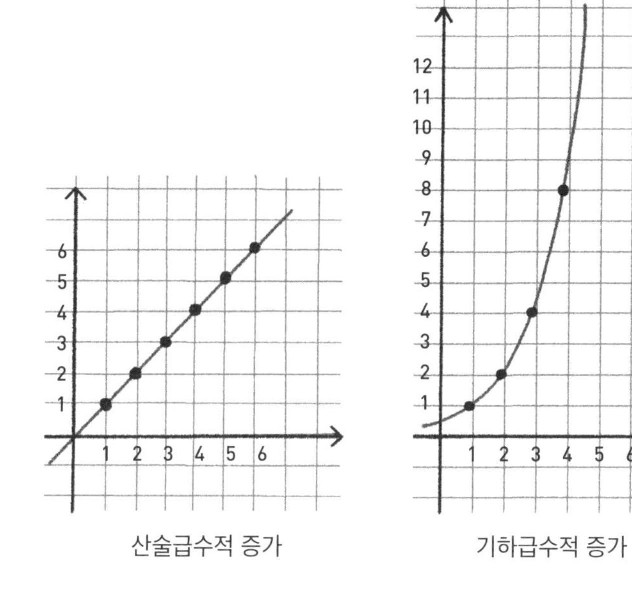

산술급수적 증가　　　　기하급수적 증가

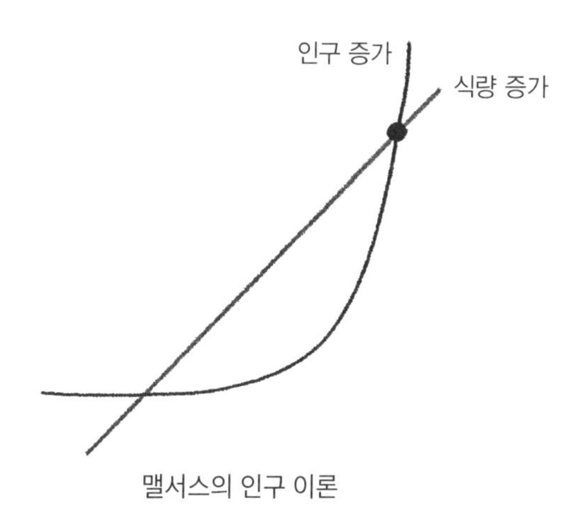

맬서스의 인구 이론

인구 증가와 식량 증가가 맬서스의 모델을 따른다면 어떻게 될까? 당장에는 식량이 훨씬 많아도 시간이 흐르면 인구가 식량을 추월하겠지? 결국에는 식량이 모자랄 테니 어떻게 해도 주기적으로 닥치는 빈곤 문제는 해결할 수 없을 거고, 어떤 식으로든 인구 조절은 불가피할 거야. 그래서 맬서스는 빈곤 해결을 위한 사회적 노력은 그다지 효력이 없으며, 궁핍에 대한 공포와 자극 덕분에 인간은 열심히 노동을 하게 된다고 분석해. 결론이 조금 오싹하지?

그런데 맬서스가 제시한 인구 모델은 잘 들어맞았을까? 결과적으로 맬서스가 살았던 1800년대까지만 보면 잘 들어맞는 것 같지만 현재에 이르러서는 잘 맞지 않는다는 것이 분명해졌지. 어디서 오류가 있었던 걸까? 맬서스가 예측한 대로 인구가 일정한 비율로 계속 증가하려면 출산율이 일정해야 해. 하지만 인간 사회가 늘 그렇지는 않잖아? 맬서스는 별다른 제약 조건이 없다면 인간 역시 다른 동식물과 마찬가지로 자연의 법칙에 따라 계속 자녀를 낳을 것이라는 잘못된 전제하에 자기주장을 펼친 거야.

게다가 맬서스는 확신에 비해 실제 근거는 부족했어. 식량 증가는 통계 자료도 거의 없이 주먹구구식으로 계산해서 예측

했어. 당시에는 통계 자료가 그렇게 풍부하거나 정확한 편이 아니었지. 식량 증가가 산술급수적으로 이루어질 거라는 예측은 맞지 않았어. 또 통계 자료로 인구를 예측한다고 해도 미래에까지 그 패턴이 유지된다는 보장은 없거든. 사람은 생각보다 복잡한 존재라서 말이야. 그럼에도 『인구론』이 중요하게 언급되는 이유는 거칠게나마 수학적 모델링을 시도했기 때문이야. 이제 수학적 모델링이 뭔지 조금 알겠지?

코로나19 감염병 확산을 예측할 때도 비슷한 방식의 수학적 모델링이 쓰여. 물론 이때 쓰이는 수학 지식은 『인구론』보다는 복잡하지만 기본 아이디어는 비슷해. 앞으로 코로나19 관련 뉴스를 들을 때마다 '감염 재생산 지수'라는 단어를 잘 새겨들어 봐. 감염 재생산 지수는 감염자 1명이 평균적으로 감염시키는 사람 수를 나타내는 수치야. 간단히 말해 감염 재생산 지수가 1이면 감염자 1명이 다른 1명에게 바이러스를 옮긴다는 거야. 그럼 기존 감염자는 치료가 될 테니까 결과적으로 감염자 수는 그대로 유지되겠지? 마찬가지로 감염 재생산 지수가 1보다 작으면 감염자 수가 줄어들고, 1보다 크면 감염자 수가 늘어나는 거야.

이런 사실을 알고 중앙재난안전대책본부 브리핑을 보면, 처음에는 좀 의아할 거야. 감염 재생산 지수가 1.1이면 감염자가 아주 느리게 증가할 거 같은데, 본부에서는 감염의 급속한 확산을 걱정하기도 하거든. 그 이유는 이 감염 재생산 지수가 『인구론』에 나오는 '기하급수적 증가'를 의미하기 때문이야.

기하급수적 증가는 일정한 비율, 즉 일정한 수를 계속 곱하는 방식으로 증가하는 것을 의미한다고 했잖아. 현재 감염자가 100명이라고 해 보자. 그리고 감염 재생산 지수가 1.1이라고 해 봐. 1.1을 10번 곱하면 2.59가 되거든. 그러니까 감염을 10번 거치면 감염자가 259명으로 느는 거야. 1.1을 50번 곱하면 117.39지? 그러니까 감염을 50번 거치면 감염자가 11739명이 돼. 정말 순식간이지? 코로나의 엄청난 감염 속도를 고려했을 때, 그냥 내버려 두면 하루 확진자가 1만 명이 넘어서는 것은 순식간인 거야. 실제로 지금 어떤 나라에서는 하루 확진자가 10만 명이 넘었는데, 긴장을 놓으면 이런 일이 언제든 손쉽게 일어날 수 있지.

수학적 모델링에 기초해서 사회적 거리 두기 단계를 조절하고, 끊임없이 대책을 세우며 협력했기 때문에 그나마 여기까지 버텨 올 수 있었어. 만약 아무런 근거도 없이 사람들에게 참으라고만 하거나, 막연히 불안감과 공포감을 조성한다면 사회가 제대로 유지될 수 있을까? 과거와 현재를 제대로 이해하고 미래를 예측함으로써 사회적 합의를 이끌어 내는 힘이 수학에서 나올 수 있어.

앞으로 다양한 분야에서 수학은 점점 더 중요해질 거야. 잘 세운 수학적 모델 하나가 세상을 구하는 중요한 모델(본보기)이 될 수도 있으니까.

보이는 것과 보이지 않는 것

6

음악을 잘 모르는 사람도 대부분 모차르트와 베토벤은 알 거야. 모차르트는 천재 소리를 많이 듣는 반면, 말년에 귀가 멀었던 베토벤은 음악의 성인(악성)으로 많이 불리지. 귀가 멀었는데도 음악을 한다는 것은 정말 대단한 집중력과 열정이 아니라면 불가능할 테니 말이야. 뜬금없이 왜 음악가 이야기를 하냐고? 수학에도 베토벤과 비슷한 사람이 있거든.

4장에서 구와 연결 상태가 똑같은 입체도형의 경우에 $v-e+f=2$를 항상 만족한다고 했잖아? 또 한붓그리기의 원리도 설명했었지. 이 두 가지 수학적 사실은 모두 수학자 오일러가 밝혀

냈어. 그뿐만 아니라 오일러는 엄청나게 많은 수학 논문을 발표했어. 그런데 오일러는 눈을 지나치게 혹사한 나머지 30대에 녹내장에 걸려 한쪽 눈의 시력을 잃었고, 말년에는 양쪽 눈의 시력을 완전히 잃게 돼. 베토벤과 비슷하지?

오일러를 생각할 때마다 가장 신기한 것은 어떻게 시력을 잃은 상태에서 도형(기하학)과 관련된 연구를 했을까 하는 점이야. 그림을 볼 수도, 그릴 수도 없는 상황에서 도형의 속성을 연구했다는 거잖아. (오일러는 18세기 사람이야. 당시에는 사진이나 영상은 없었어.) 도형 문제를 풀 때마다 괴로웠던 경험을 떠올려 봐. 그림이 눈앞에 있어도 풀기 어려운데 도대체 앞이 보이지 않는 상태에서 어떻게 도형을 연구했을까? 바로 일반화가 가능했기 때문이야.

정사면체나 정육면체 정도라면 눈을 감고도 도형을 떠올릴 수 있을 거야. 하지만 120면체 정도 되면 어때? 그림을 보면서 꼭짓점(v), 모서리(e), 면(f)의 개수를 세는 일도 만만치 않아 보여.

정사면체, 정육면체, 정팔면체 등 간단한 도형으로부터 얻어 낸 규칙을 확장해 '구와 연결 상태가 같은 모든 입체도형은 $v-e+f=2$를 만족한다.' 같은 사실을 알아내는 과정을 일반화

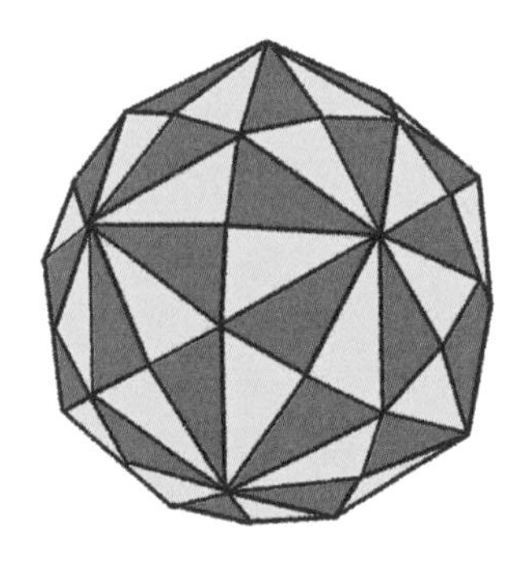

120개의 면을 가진 다면체

라고 불러. 일반화에 성공하고 나면 도형이 어떻게 생겼든 상관없이 결과를 예측할 수 있지.

우리가 일상적으로 사용하는 개념은 이런 일반화 과정을 거쳐서 형성되는 경우가 많아. 가령 인간과 가장 친숙한 반려동물 개를 떠올려 보자. 공원을 산책하다가 우연히 처음 보는 개를 만나도 우리는 금세 '개'라고 알아볼 수 있지. 수많은 데이터를 통해 개의 특징을 파악하고 있기 때문이야. 마찬가지로 처음 보는 디자인의 신발을 보게 되더라도 신발로 물을 받아 먹는 사람은 없을 거야. 우리는 일반화하는 능력이 있으니까.

그런데 만약 어떤 이유로 일반화할 수 있는 능력을 잃어버리면 어떻게 될까?

1974년에 태어난 동물학자 템플 그랜딘은 일찍부터 자폐증 진단을 받았어. 자폐증을 연구한 학자들에 따르면, 자폐인은 특정 분야에서 천재가 등장할 확률이 비자폐인보다 높다고 해. 템플에게도 그런 천재적인 능력이 하나 있었어. 템플은 시각 정보를 기억하는 능력이 엄청 발달해서 거의 모든 장면을 사진을 찍듯이 기억했다고 해. 예를 들어 책을 펼쳤다 덮은 뒤에 머릿속에서 그 페이지를 사진처럼 불러낼 수 있었지.

그런데 흥미롭게도 템플은 조금 전에 말한, 일반화해서 사고하는 능력은 떨어졌어. 가령 '구두'라는 단어를 들으면 마치 구글 이미지를 검색하듯 지금까지 자기가 봤던 수많은 구두 이미지를 동시에 기억해 낼 수 있었지만, 한 번도 본 적 없는 도형의 특징을 사고하는 것은 대단히 어려운 일이었지. 당연히 수학 성적은 좋지 않았어. 특정한 직각삼각형에 대해 $3^2+4^2=5^2$이 성립하는 것은 그림을 보면 이해하지만, 모든 직각삼각형에 대해서 $a^2+b^2=c^2$이 성립하는 건 사고하기 힘들었을 테니까. 실제로 템플은 방정식에 서툴렀으며, 기하학과 삼각함수는 수업을 들을 수조차 없었다고 해.

시각을 통해 익히는 것은 이해 속도가 엄청 빠르다 보니 템플은 미술, 생물, 공작 수업을 좋아했어. 직접 그리고 만들고 실험하는 것을 좋아했지. 템플은 이런 자신의 특징을 동물 행동을 연구하는 데 활용했어. 소나 말의 관점에서 보이는 정보를 바탕으로 이들 동물이 어떤 상황에서 두려움을 느끼는지, 시설을 어떻게 바꾸면 좀 더 편안함을 느끼는지 연구했어. 연구 결과를 바탕으로 가축을 다루는 시설을 설계했는데, 정말로 동물들에게 훨씬 좋은 시설이어서 템플이 설계한 방식으로 운영되는 시설이 많이 늘었다고 해. 가령 소가 이동할 때 빛이 불규칙하게 들어오면 불안감을 느끼기 때문에 이동 경로를 따라 담을 세우고 빛을 막아 소가 안정감을 느낄 수 있도록 했어. 템플은 자신이 "시각(그림), 후각(냄새), 청각(소리) 등 감각을 중심으로 사고하는 동물을 훨씬 잘 이해할 수 있으며, 한 가지엔 탁월하지만 다른 것들에는 서툴다."라고 말했지.

오일러와 템플은 전혀 다른 방식으로 사고했어. 오일러는 시각을 잃었지만 수학적 사고에 능숙한 사람이었어. 수학에서는 수많은 그림, 숫자(수식), 정보 사이에서 규칙을 찾아내고 이를 일반화해 설명하는 과정이 중요해. 반면 템플은 시각을 중심으로 사고하는 사람이었어. 구체적인 감각을 통해 사물을 인식하는 자신의 특징을 잘 이해한 덕분에 새로운 시도를 할 수 있었지.

오일러는 시력을 잃었어. 템플은 자폐인이었지. 우리는 신체의 어떤 기능에 손상이 오면 삶에도 결핍이 온다고 생각하지만, 관점을 바꿔 보면 그 결핍에 적응하는 과정에서 새로운 능력이 발달하기도 해. 그리고 각자의 방식으로 결핍을 보완하고 대체하며 새로운 세계를 창조하게 되지.

수학도 그런 것이라고 생각해. 수학적 사고가 어느 날 갑자기 발달하는 것은 아니겠지만 자신의 방식으로 부족함을 채울 수 있을 거야. 템플 자신이 방정식에 서툴렀다고 말하는 것은 곧 이제는 방정식을 이해할 수 있게 되었다는 뜻 아닐까?

누구나 수학에서 약하다고 생각하는 부분이 있을 거야. 누구는 함수가 유난히 이해되지 않고, 누구는 도형이 너무너무 어렵다고 하지. 도형에 대한 직관적 이해가 부족하다면 일반화를 통해 극복할 수 있는 것처럼 다양한 접근 방식을 통해 약점을 보완할 수 있어. 그러니 취약한 부분이 있다고 해서 수학 전체를 싫어하지 않기를 바라. 누구나 잘하는 부분, 부족한 부분이 있기 마련이니까.

수학도 때로는 케이팝처럼

7

힙합, 발라드, 록, 트로트 등등 음악에 장르가 있듯이 수학에도 분야가 있어. 그 가운데 도형을 연구하는 기하학, 수와 식(방정식, 부등식)을 연구하는 대수학은 역사가 아주 오래됐어. 이유는 간단해. 먹고사는 데 꼭 필요했기 때문이야. 기하학은 측량 때문에, 대수학은 경제 활동을 위한 계산 때문에 발달했어.

그런데 음악 가운데 케이팝(K-pop)처럼 장르를 구분하기가 쉽지 않은 경우가 있지. 마찬가지로 수학에도 특정 분야를 구분하기 어려운 경우가 많아. 다음 그림을 한번 볼래?

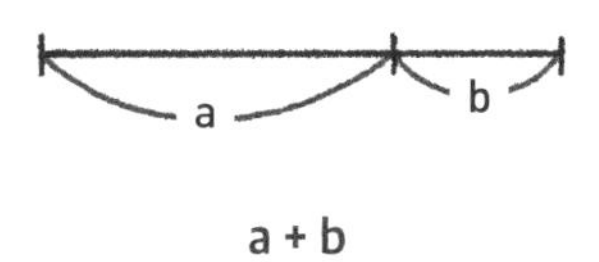

$a + b$

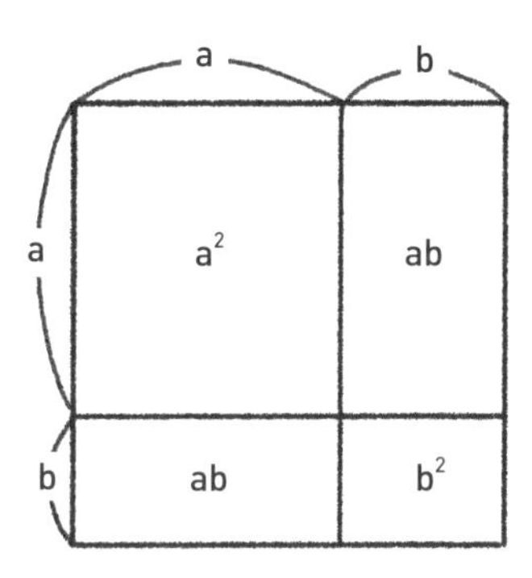

$(a+b)^2 = a^2 + 2ab + b^2$

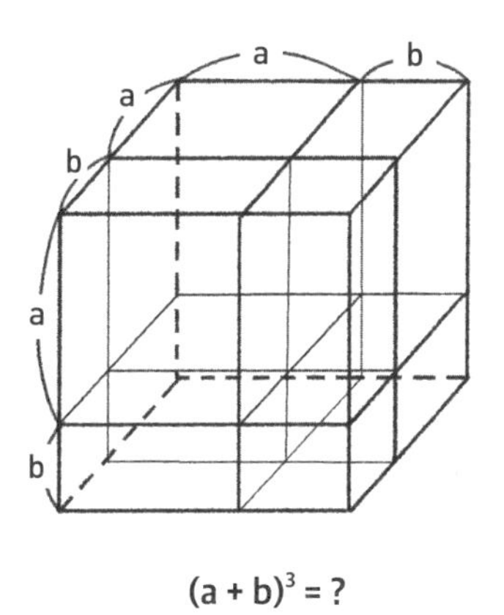

$(a + b)^3 = ?$

길이, 넓이, 부피와 인수분해의 상관관계를 표현해 봤어. 그림 아래쪽에는 수식을 적었지. 도형의 성질을 이해하는 데 수식을 이용한다고 할 수도 있고, 반대로 수식의 성질을 이해하는 데 도형을 이용한다고 할 수도 있어. 기하학(도형)과 대수학(수와 식)은 서로 이렇게 넘나들어.

장르를 왔다 갔다 하면서 음악을 자유자재로 가지고 노는 사람을 보면 멋있어 보이잖아. 음악도 새롭게 들리고. 마찬가지로 수학에서도 영역을 넘나들며 사고하다 보면 새로운 느낌을 받을 수 있어. 이는 수학이 가진 여러 특징 중에 추상화(抽象化, abstraction)와 관련이 있어.

국어사전에서 추상(抽象)을 찾아보면 추상화의 뜻이 좀 더 명확해질 거야.

추상(抽象): 여러 가지 사물이나 개념에서 공통되는 특성이나 속성 따위를 추출하여 파악하는 작용.

추상화를 이해할 수 있는, 좀 더 피부로 와 닿는 예를 들어 볼까? 오늘은 화요일. 앞으로 25일 후면 생일인 사람이 있다고 해 보자. 이왕이면 생일 파티는 주말에 했으면 좋겠는데 생일날이 주말이려나? 따져 보니 운 좋게도 25일 후면 딱 토요일이야. 어떻게 이렇게 빨리 계산했을까?

7일 후는 똑같이 화요일

14일 후는 똑같이 화요일

21일 후는 똑같이 화요일

22일 후는 수요일, 23일 후는 목요일, 24일 후는 금요일, 25일 후는 토요일. 그래, 토요일. 일주일이 7일 간격으로 반복된다는 사실을 알면 계산이 빠르지.

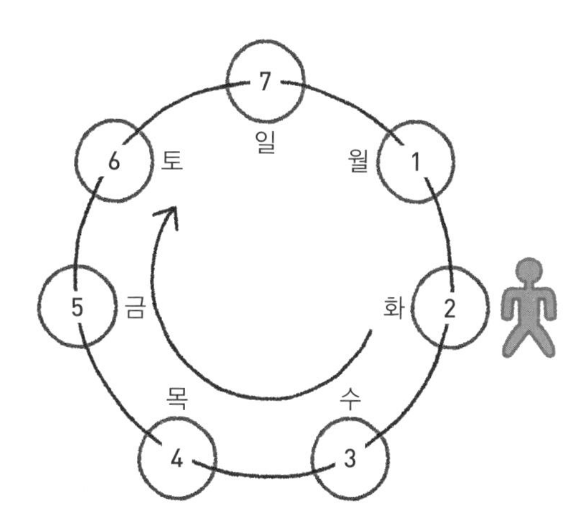

이번에는 다른 상황을 살펴볼까? 정차 역은 7개, 시계 방향으로 도는 순환선 지하철을 탔다고 해 봐. 2번 역에서 지하철을 타고 25칸을 더 가면 6번 역에 도착하겠지?

화요일에서 25일이 지나면 토요일이다.
2번 역에서 25칸을 더 가면 6번 역이다.

이 두 가지 사실을 수학적으로 표현하면 다음과 같은 문장이 될 거야.

2+25를 7로 나눈 나머지는 6이다.

이처럼 서로 다른 현상 속에 담긴 동일한 구조를 파악하는 과정을 추상화라고 해.

재밌는 것은 수학에서 말하는 추상화(抽象化)랑, 미술에서 말하는 추상화(抽象畫)랑 동일한 한자어 추상(抽象)을 사용한다는 거야. 미술에서 추상화는 '대상의 구체적인 형상을 나타낸 것이 아니라 점, 선, 면, 색과 같은 순수한 조형 요소로 표현한 미술의 한 가지 흐름'을 말하거든. 나무와 가로등의 공통점은 모두 '곧

게 뻗어 있다', 즉 직선이라는 점이야. 그래서 추상화를 그리면 그림이 도형처럼 보이는 거지.

수학은 그 내용이 깊어질수록, 학년이 올라갈수록 점점 추상화 수준도 올라가. 대학교에서 현대대수학을 배울 때 교재 이름이 아예 추상대수학(abstract algebra)이었어. 오랜만에 수학 책을 본 사람은 책 속 내용들이 마치 상형문자처럼 보인다고 말할 정도지.

"수학의 본질은 자유로움에 있다."
(Das Wesen der Mathematik liegt in ihrer Freiheit.)

집합론으로 유명한 수학자 칸토어의 묘비명이야. 수학과 관련된 명언을 언급할 때 자주 등장하는 말이기도 해. 유명한 수학자가 한 말이니 멋있다는 생각이 들 수도 있지만, 사람들은 대부분 이 말을 듣고 어리둥절해할 거야. 수학을 공부하면서 자유롭다고 느낀 사람이 세상에 얼마나 되겠어?

아무리 그림을 못 그려도 사생대회에 나가게 되면 무엇이든 그릴 수야 있지. 아무리 글을 못 써도 백일장에 나가면 무엇이든 쓸 수 있고. 그런데 수학 문제는 어때? 모르면 아무것도 쓸

수가 없지. 풀이를 모르면 한마디도 할 수 없는데 도대체 수학이 뭐가 자유롭다는 거야?

수학에서는 앞서 살펴본 예들처럼 전혀 다른 관점에서 접근했는데 동일한 결론에 이르는 경우가 많아. 의도하지 않고 전혀 다른 길을 걸어갔는데 같은 곳에 도착한다는 뜻이지.

“아, 난 도형이 너무 무서워.”

“복잡한 계산만 나오면 시험을 망쳐서 속상해.”

수학 공부 하다 보면 이런 이야기, 자주 하게 되잖아? 당연히 누구든 어떤 영역은 다른 영역보다 더 잘할 수 있어. 더 못할 수도 있고. 사람은 보통 자기가 잘하면 좋아하게 돼. 반대로 못하면 싫어하게 되고. 그래서 학생들은 대체로 못하는 분야일수록 더 공부를 안 하고, 잘하는 분야일수록 더 공부를 열심히 하지. 그러면서 그 격차는 점점 벌어지고 말이야.

그런데 수학은 어느 한쪽이 부족한 경우 다른 한쪽으로 보완할 수도 있어. 추상적 사고에 능숙해지면 자유롭게 분야를 넘나드는 상상이 가능해지지. 여러 장르를 조합해 새로운 음악을 만들어 내는 것처럼 말이야. 처음엔 어렵지만 누구나 훈련을 통해 추상적 사고를 키울 수 있어.

그때 느끼게 되지. 이래서 칸토어가 자유롭다고 했구나. 수학은 그림을 잘 그리는 것이 중요한 것도 아니고, 산수를 잘하는 것이 중요한 것도 아니구나.

맛에도 공식이 있다

8

감자옹심이는 감자가 많이 나는 강원도 지방에서 온 음식이야. 감자를 갈아 반죽한 후에 들깻가루로 낸 육수에 넣어 끓여 먹는데 수제비랑 비슷해.

텔레비전 요리 프로그램에서 감자옹심이 가게 이야기가 나와서 유심히 본 적이 있어. 이런 내용이었어. 감자옹심이로 소문난 식당에 어느 날 고객 불만이 들어왔어. 한 그릇 안에 있는 감자옹심이가 어떤 건 반죽이 너무 익어서 퍼져 버렸고, 어떤 건 덜 익어서 퍽퍽하다는 손님들. 사장님은 '항상 만들던 음식인데 왜 갑자기 음식 맛이 달라졌을까?' 고민했지. 식당 입장에서는 늘 같은 맛을 내는 것이 중요하니까 꼭 해결해야만 하는 문제였어.

알고 보니 문제는 식당이 방송을 탄 뒤에 손님이 몰리면서 사장님이 평소와 달리 한꺼번에 9인분씩 음식을 만들면서 발생했어. 감자옹심이를 만들 때는 감자 반죽을 뭉친 후에 수제비처럼 손으로 조금씩 끊어서 국물에 넣어야 해. 그런데 한 번에 많은 양을 끓이면 어떻게 될까? 처음 넣은 반죽과 마지막에 넣은 반죽 사이에 시간 차가 너무 많이 벌어지겠지? 그래서 처음에 넣은 반죽은 너무 익어 버리고, 마지막에 넣은 반죽은 덜 익은 거였어. 그 이후로 사장님은 한 번에 3인분 넘게 만들지 않는다는 새로운 규칙을 정했어. 반죽 사이에 시간 차가 너무 벌어지지 않게 한 거지. 그 덕분에 문제는 깔끔하게 해결!

'음식은 손맛이지.' '엄마의 손맛' 이런 말 들어 봤을 거야. 이런 말은 같은 재료와 조리법(레시피)을 써도 만드는 사람의 정성(마음가짐)에 따라 음식 맛이 달라진다는 뜻이야. 그런데 사실 정성이란 것은 사람마다 다르게 느끼는 것이라 '음식을 만드는 마음이란 이러해야 한다.' 하는 규칙을 정하기가 어려워. 게다가 정성이 얼마큼 들어가면 음식이 얼마큼 맛있어지는 지도 알기 어렵지.

음식 맛을 조절할 때 "조금 더 짜게 해 주세요."라고 말하는 것보다는 "소금을 한 숟갈 더 넣어 주세요." 하고 말하면 의사 전달이 확실하겠지? 숟가락의 크기를 미리 정해 뒀다면 더욱 확실할 테고. 레시피를 만들 때 각 재료마다 사용량을 정확히 표시하고, 조리 시간과 순서를 정해 두면 누가 만들어도 비슷한 맛이 나겠지.

이렇게 모든 사람이 동일한 기준에 따라 판단 또는 행동할 수 있도록 표준을 정하는 일을 표준화(standarization)라고 해. 그런데 표준화 과정은 대부분 수량화(quantification)와 관련되어 있어. 음식으로 말하자면 맵다, 짜다, 달다 등 감각의 차이를 명확하게 재료의 양으로 환원해 표준화를 하는 거지. 수량화, 정량화, 계량화 등은 거의 비슷한 의미로 쓰여.

수량화는 수학, 과학의 발전과 깊은 관계가 있어. 따뜻하다/차갑다, 빠르다/느리다, 가깝다/멀다, 무겁다/가볍다 등 수많은 자연현상을 수량화하고 온도(℃), 속도(*m/s*), 거리(*m*), 질량(*kg*) 등 표준 단위를 사용하면서 과학은 급속히 발전하기 시작했지. 수학 가운데 기하학은 도형의 고유한 속성에 해당하는 각, 길이, 넓이, 부피, 겉넓이 등을 수량화해서 표현하고, 통계학은 평균, 분산, 표준편차, 상관계수 등 다양한 수치로 자료를 분석해.

디지털(digital)이라는 단어도 수량화와 연결되어 있어. 영어로 digit는 숫자의 자릿수를 의미하거든. 가령 'This number is 3 digits.'라는 문장은 '이 숫자는 세 자리이다.'라고 번역해. digital은 digit의 형용사형으로 온도, 시간, 소리와 같은 연속적인 현상을 잘게 쪼개 수로 표현하는 것을 의미해. RGB 색상표를 보면 그 의미를 확실히 이해할 수 있을 거야. 색깔이라는, 수학과 멀어 보이는 감각의 영역을 숫자로 표현해 놓은 것이거든.

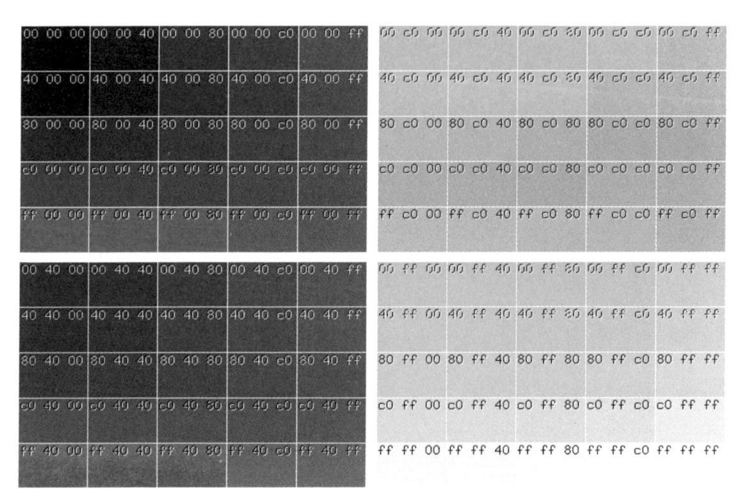

색을 숫자로 구분한 RGB 색상표

디자이너에게 디자인을 맡길 때 전문가들은 단지 "빨간색을 써 주세요."라고 주문하지 않고 "FF4000을 써 주세요."와 같이 말해. 그럼 빨간색 중에서도 어떤 빨강인지 서로 헷갈릴 일이 없겠지? 이런 소통 방식은 컴퓨터와 디지털 기기가 일상화된 최근 몇십 년 사이에 이루어진 일이야. 이제는 현대 문명사회를 떠받치는 기초가 수량화에 있다고 해도 과언은 아닐 거야.

결국 감자옹심이 가게 사장님의 고민을 해결해 준 것은 '손맛'이 아니라 음식을 대하는 수학적 태도라고 할 수 있어. 사람들이 말하는 '손맛'이란 것도 결국 반복을 통해 표준화, 수량화된 각자의 레시피, 즉 각자 자신만이 가지고 있는 맛의 공식이야. '손맛'이 뛰어난 모든 요리사가 아직 그 레시피를 숫자로 표현해 놓지 않았을 뿐이지. 만약 오늘 저녁에 맛있는 요리를 만들어 보고 싶다면, 계량이 잘되어 있는 다양한 음식 레시피를 찾아보면 되겠지?

자, 이제 앞으로는 음식도 수학으로 만들고, 수학으로 맛보는 거야.

스포츠는 수학이다

9

이런 야구팀이 있다고 생각해 보자. 지난 몇 년간 계속 리그 꼴찌를 했던 야구팀이 있어. 새로운 선수를 뽑아서 성적을 올려야 하는 상황이야. 어떤 선수를 뽑아야 팀 성적을 올릴 수 있을까? 구단 사람들이 모여서 회의를 시작했지.

"돈이 많이 들더라도 최상급 타자 한 명을 데려오자고."

"한 사람만 뽑아야 한다면 투수가 꼭 필요해."

"우리에겐 돈이 충분치 않아. 차라리 연봉을 조금만 주고 성장 가능성이 있는 선수를 여러 명 데려와서 키우자."

"아니, 위기 상황에서는 경험 많은 선수가 꼭 있어야 해."

"실력도 중요하지만 성격 좋은 선수를 뽑아야 하지 않을까? 인성이 엉망이면 팀 분위기를 망친다고."

참 말 많은 회의가 계속되고 있어. 모두 문제점을 잘 알고 있고, 해결 의지도 충분해. 하지만 해결책은 제각각이지. 도대체 어떻게 해야 정해진 조건에서 최선의 결과를 낼 수 있을까? 의견이 다른 사람들이 합의에 이를 수 있는 방법은 뭘까?

우선 타자 2명을 검토하기로 했어. 두 선수의 데이터를 볼까?

선수 A			
	득점권	비득점권	전체
타수	30	70	100
안타	9	14	23
타율	0.3	0.2	0.23

선수 B			
	득점권	비득점권	전체
타수	40	60	100
안타	10	21	31
타율	0.25	0.35	0.31

선수 A는 경기에 100번 나와서 23번 안타를 쳤어. 즉 안타를 친 비율(타율)이 0.23이야. 반면 선수 B는 타율이 0.31이야. 얼핏 보면 선수 B가 타율이 높으니 같은 연봉이라면 선수 B를 뽑아야만 할 것 같아. 그런데 득점권 타율은 오히려 선수 A(0.3)가 선수 B(0.25)보다 높네? 즉 선수 B는 안타를 치는 비율은 높지만 정작 점수를 올려야 할 중요한 상황에서는 안타를 못 쳤다는

뜻이야. 어느 선수가 나을지 갑자기 헷갈리지?

이번에는 또 다른 타자 2명을 검토해 볼까?

선수 C			
	홈	원정	전체
타수	500	500	1000
안타	100	150	250
타율	0.2	0.3	0.25

선수 D			
	홈	원정	전체
타수	200	800	1000
안타	35	232	267
타율	0.175	0.29	0.267

선수 C는 타율이 0.25인데 반해 선수 D는 타율이 0.267이지. 역시 전체 결과만 놓고 보면 선수 D가 훌륭한 타자 같아. 그런데 데이터를 좀 더 세분화해 보자. 홈경기에서 선수 C(0.2)가 선수 D(0.175)보다 타율이 높은데, 원정 경기에서도 선수 C(0.3)가 선수 D(0.29)보다 타율이 높지.

선수 C			
	홈	원정	전체
타수	a	c	$a+c$
안타	b	d	$b+d$
타율	$\frac{b}{a}$	$\frac{d}{c}$	$\frac{b+d}{a+c}$

선수 D			
	홈	원정	전체
타수	A	C	$A+C$
안타	B	D	$B+D$
타율	$\frac{B}{A}$	$\frac{D}{C}$	$\frac{B+D}{A+C}$

그 이유는 앞의 표에서 보듯 $\frac{b}{a} > \frac{B}{A}$이고 $\frac{d}{c} > \frac{D}{C}$이지만 $\frac{b+d}{a+c} < \frac{B+D}{A+C}$인 수의 조합이 얼마든지 가능하기 때문이야.

이처럼 자료를 분석할 때 그 구성 요소가 되는 소집단 간의 결과와 전체 결과가 상반되는 경우를 '심슨 패러독스'라고 불러. 심슨 패러독스는 자료를 분석할 때 흔하게 발견할 수 있는 현상이야. 다른 자료를 한번 더 볼까?

A 고등학교			
	남	여	전체
인원수	80	20	100
평균 점수	60	70	62
총득점	4800	1400	6200

B 고등학교			
	남	여	전체
인원수	20	80	100
평균 점수	55	65	63
총득점	1100	5200	6300

위 표를 보면 남학생도 A 학교(60) 평균이 B 학교(55)보다 높고, 여학생도 A 학교(70) 평균이 B 학교(65) 평균보다 높지만 전체 평균은 오히려 B 학교(63)가 A 학교(62)보다 높지. 타율과 마찬가지로 전체와 부분의 결과가 정반대로 나오는 수를 얼마든지 조합할 수 있기 때문이야. 자료를 다양한 구성 요소별로 나눠 보는 것이 왜 중요한지 또 다른 예를 살펴보자.

2020년 미국 대선 결과 1

2020년에 있었던 미국 대선 결과를 분석한 위의 자료를 보자. 빨간색으로 칠해진 지역은 공화당 트럼프 후보가 승리한 곳이야. 파란색으로 칠해진 지역은 민주당 바이든 후보가 승리한 지역이고. 얼핏 보면 전체적으로 붉으니, 대다수 지역에서 트럼프가 승리한 것처럼 보여. 그런데 어떻게 지금 미국 대통령은 바이든이 된 걸까?

이번에는 다른 지도를 보자. 다음 자료에서 동그라미가 큰 지역은 인구가 많은 지역이야. 반면 동그라미가 작은 지역은 인구가 적은 지역이지. 앞의 경우와 반대로 이번에는 대부분의 지역

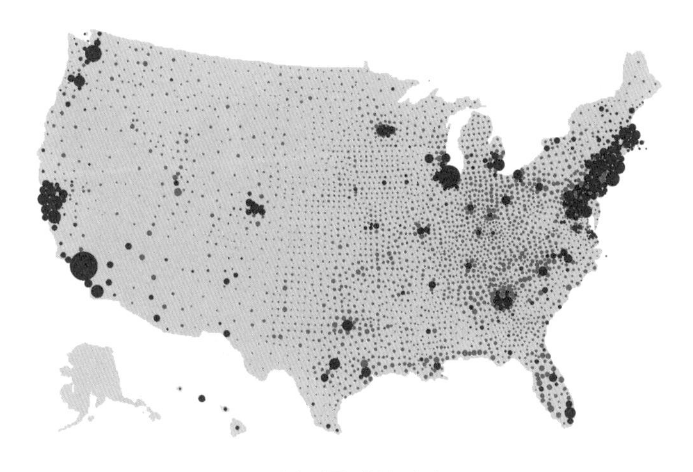

2020년 미국 대선 결과 2

에서 바이든이 이긴 것처럼 보이지? 이 지도를 통해 알 수 있는 사실은 인구 밀도가 높은 도시 지역에서는 바이든 후보(파란색)가, 인구 밀도가 낮은 농촌 지역에서는 트럼프 후보(빨간색)가 지지율이 높았다는 거야. 도시와 농촌 간 지지율 격차가 상당히 크지? 도시 지역에서 많은 표를 받은 덕분에 바이든이 승리했던 거지. 지금까지 검토한 내용은 다음과 같이 정리할 수 있어.

1) 소집단 혹은 구성 요소별로 검토하지 않고 전체 자료만 놓고 볼 경우 자료 해석이 잘못될 수 있다.

2) 같은 자료라도 어떤 소집단의 관점에서 보느냐에 따라 분석이 다를 수 있다.

요즘에는 뉴스 매체나 에스엔에스(SNS) 미디어에 '가짜 뉴스'가 넘쳐 나는 실정이야. 우리가 그런 뉴스에 자꾸 속는 이유는 그 뉴스들이 그럴듯한 통계나 수치를 제시할 때가 많기 때문이기도 해. 흔히 정보가 많아지면 사람들이 정확한 판단을 내릴 수 있을 거라고 생각하지만, 현실은 그렇게 단순하지 않아. 사람들은 자기 입맛에 맞는 분석만 보고 자기 생각이 맞는다고 확신하는 경우가 너무 많거든. 더러는 자기편을 만들기 위해 잘못된 분석을 이용하기도 하지.

넘쳐 나는 정보를 분석할 때 자료 해석에 대한 기본적인 관점만 확실히 알고 있어도 많은 일을 해낼 수 있어. 가짜 뉴스를 걸러 내는 것은 물론, 훌륭한 야구팀 감독이 될 수도 있고, 현명한 유권자가 될 수도 있으며, 감각 있는 정치인이 될 수도 있지. 그래서 나는 이 말에 동의하는데 너는 어떻게 생각해?

"오늘날에는 통계적 방법에 대한 기초 훈련이 읽기와 쓰기만큼이나 모든 사람에게 필수적이다."

— 허버트 조지 웰스(영국의 소설가)

수학은 천재의 학문입니까?

10

수학자를 주인공으로 한 영화들이 여러 편 있어. 「굿 윌 헌팅」 「박사가 사랑한 수식」 「뷰티풀 마인드」 「이미테이션 게임」 「무한대를 본 남자」 등등. 그런데 이런 영화에는 몇 가지 공통점이 있어.

일단 시대적 한계 때문에 주인공은 모두 남자고, 주인공들은 수학 분야에서는 천재지만 일상생활에서는 대체로 사회성이 떨어지지. 가끔은 사람들이 이해 못 할 행동을 해서 유별나다는 인상을 주기도 해. 그렇지만 역시 수학에 미쳐 있다는 점이 주인공을 빛나게 하지. 때로는 남들의 이해를 받지 못해 고생도

하고 그래서 조금 안쓰러워 보일 때도 있지만 말이야. 수학 천재들은 원래 자기만의 세계 속에 있으니까 가끔은 그런 모습마저 자연스러워 보인달까?

예를 들어 「무한대를 본 남자」의 주인공 라마누잔을 한번 볼까? 힌두교 신자이자 인도 수학자인 라마누잔은 시도 때도 없이 새로운 수학적 영감이 떠오르지만 그 내용을 사람들에게 잘 설명하지는 못해. 다른 사람들이 어떻게 알아낸 거냐고 물어보면 나마키리 여신이 꿈에 나타나 알려줬다고 하지를 않나, 심지어는 "방정식이 신에 대한 생각을 표현하지 않으면 나에게는 아무 의미가 없다."라고 하지를 않나, 정말 괴팍함에서는 따라잡을 자가 없지. (물론 그중에는 맞는 것도 있었지만 틀린 것도 있었어.) 라마누잔은 19~20세기에 실제로 살았던 인도의 수학자야. 그래서 「무한대를 본 남자」는 영화기는 하지만 실제 라마누잔의 삶이 어느 정도 반영되어 있지.

라마누잔처럼 수학사에 이름을 남긴 사람은 천재라는 이미지가 강하지. 학교나 학원 수업 또는 에스엔에스(SNS)를 비롯한 미디어 역시 이런 천재 이미지를 강화하는 역할에 충실한 것 같아. 그 때문일까? 학생들은 수학에 대한 신비주의만큼이나, 거부감 또한 강해. 진입 장벽이 높다고 느낀다고 해야 하나? 공부를 하면서 한번쯤은 고비가 오기 마련인데 그 고비를 넘지 못하면 그다음부터는 완전히 포기하는 경우를 자주 보거든. '수학은 천재들이나 하는 거야.' 하는 생각으로 말이야.

그런데 정말 수학을 잘하려면 천재성을 타고나야만 하는 걸까? 수학의 발전은 몇몇 천재들의 발견으로만 이루어지는 걸까? 또 수학을 뛰어나게 잘하지 못한다면 굳이 수학에 에너지를 쓸 필요가 없는 걸까? 이런 의문을 풀어 보기 위해 요즘 수학자의 이야기를 들려줄게.

미국 스탠퍼드대 수학과 교수로 재직 중인 허준이라는 수학자가 있어. 이 사람은 아직 학생이던 수학과 박사 과정 첫해에 '리드 추측'이라는 어려운 수학 문제를 풀어내서 유명해졌대. 그 내용은 나도 잘 모르니까 넘어가자. 아무튼 많은 수학자가 골치를 썩여도 못 풀던 문제를 풀었다는 것만 이해하자고. 그리고 아인슈타인, 폰노이만, 괴델, 오펜하이머 등 세기의 두뇌들이 거쳐 간 미국 프린스턴고등연구소에서 30대에 '롱텀 펠로'를 제안받은 3인 중 1인이 되었대. 역시 구체적인 내용은 잘 몰라. 아무튼 수학자로서 젊은 나이에 세계적으로 인정받았다는 뜻으로 이해하자. 이 수학자는 수학에 대해 어떻게 생각하고 있을까? 잠깐 이 사람의 인터뷰를 살펴보자.

"이전 세대의 수학 세계에서는 한 천재가 혜성처럼 등장해 난제를 해결했다. 분명한 건, 1000년쯤 지나 인류가 그때까지도 살아 있다면 수학적 연구 결과들이 폭발적으로 쏟아져 나온 2020년대를 기억하리란 점이다. (……) 후대 인류도 현 인류의 가장 중요한 변화 원인으로 실시간 소통 능력을 꼽을 것이다."[1)]

"현대수학은 소수의 천재가 이끌지 않고 인류가 하나의 '원팀'으로서 활동한다. 도드라져 보이는 꼭짓점이 한둘은 있을 수 있지만 그런 젊은 수학자만 모아도 이 세상에 수백 명이다. (……) 여러 톱니바퀴들이 모여 만든 현대수학이라는 엔진이 잘 작동하고 있으므로, 나는 엔진 어딘가에서 순산순긴에 갑겨할 뿐이다. 수학하는 행위는 내 마음을 편안하게 한다."[2)]

수학을 하고 있으면 마음이 편안해진다니 '역시 수학을 잘하는 사람은 어딘가 다르군.' 하는 생각이 들지? 그런데 그것보다

1) 김유태 「인류 난제 푼 '수학스타'의 첫 꿈은 시인… 경계 넘나드는 무한한 상상력이 나의 힘」, 『매일경제』, 2021.5.7.
2) 같은 기사.

더 중요하고 색다른 부분은 바로 현대수학은 천재가 끌고 가는 것이 아니라 인류가 하나의 팀으로 활동한다고 말한 부분이야. 꼭 수학자들이 한데 모여서 연구한다는 뜻은 아니야. 네트워크의 발달로 요즘은 누군가 논문을 내거나 연구 업적을 발표하면 어디서든 그 내용을 공유받을 수 있어. 그리고 고민을 이어 나가는 거지. 눈에 보이지 않지만 협업을 하고 있는 셈이야.

게다가 요즘에는 수학이 필요한 사람이 천재 말고도 많아졌어. 흔히들 수학을 순수 학문이라고 부르잖아. 수학은 다른 학문에 비해 순수 학문이라 부를 만한 요소가 많기는 해. 여전히 아무런 대가 없이 오직 지적 호기심을 해결하기 위해 수학을 연구하는 사람도 있으니까. 그런데 사회에 나와 보면 다양한 이유 때문에 수학을 다시 공부하는 사람들이 있어.

나는 수학을 공부하는 여러 모임을 운영하고 있어. 취미로 수학 교양서적을 읽는 모임, 대학교 때 제대로 이해하지 못하고 넘어간 수학이 직업상 필요해져서 공부하는 모임, 경제나 환경 분야의 논문을 쓰기 위해 통계를 공부하는 모임 등 그 목적이 다양하지. 모든 사람이 수학을 잘할 필요도 없고, 수학 때문에 불필요한 고생을 할 필요도 없지만 수학의 쓰임이 그만큼 많아지고 있는 건 분명해.

그러니까 천재성이 있어야만 수학을 할 수 있는 것도 아니고, 더 이상 천재들만이 수학을 발전시키는 것도 아니라는 이야기야. 오늘날 수학과 과학에 있어 새로운 발견은 수많은 사람의 고된 밤샘 작업과, 눈에 보이지 않는 협업으로 이루어지는 경우가 대부분이야. 우리 역시 앞으로 수많은 사람이 고생해서 얻어낸 자료로 공부를 하고, 논문을 쓰고, 세상을 이해하고, 직업상 도움을 받는 일이 늘어날 거야.

그런데 수학이나 과학을 좋아하는 사람들이 공통적으로 하는 이야기가 있어. 온전히 몰입하는 그 순간에 가장 편안하고 행복했으며, 무언가 새로운 세상을 발견한 기쁨을 맛봤다는 표현이야.

“모든 팽나무의 씨를 강화하는 광물질이 바로 오팔이라는 확실한 지식은 누군가에게 전화하기 전까지는 나만 알고 있는 진실이었다. 그것이 알 가치가 있는 지식인지 아닌지는 오늘 생각할 문제가 아니라 느꼈다. 인생의 한 페이지가 넘어가는 그 순간 나는 서서 그 사실을 온몸으로 흡수했다. 싸구려 장난감이라도 새것일 때는 빛나 보이듯, 내 첫 과학적 발견도 그렇게 반짝였다. (……) 그냥 그 자리에 서서 창밖을 바라보며 해가 뜨길

기다렸다. 눈물 몇 방울이 볼을 적셨다."[3]

혹시 이런 순간을 경험한 적이 있니? 호프 자런이라는 과학자의 글이지만, 수학도 과학도 이런 순간이 찾아오는 것은 똑같아. 꼭 수학이나 과학이 아니더라도 어떤 분야든 진심으로 몰입하게 되었을 때 느끼는 마음은 다 비슷할 거야. 어떤 순간에는 누가 알아주지 않아도 충분한 것 같아. 무언가를 배운다는 것은 결국 자신을 성장시키는 일이니까.

수학도 우리 인생에서 무언가에 진심으로 몰입하게 되는 수많은 가능성 중 하나일 거야. 그러니 내가 천재인지 아닌지 고민하는 대신, 그 짜릿한 몰입의 순간으로 가 보자.

3) 호프 자런 지음 『랩 걸』, 김희정 옮김, 알마 2017.

초등학교 문제도 못 풀다니!

11

한번은 내 친구가 수학 문제 좀 풀어 달라고 부탁을 해 왔어. 초등학교에 다니는 아들이 물어봤는데 답을 모르셨나는 거야. '아무리 수학 문제 풀어 본 지가 오래됐다고는 해도 설마 초등학교 문제도 못 풀겠어?' 이렇게 생각했던 친구는 문제가 안 풀리자 당황했고, 나에게 긴급하게 도움을 요청했지. 바로 이 문제였어. 저 빈칸에 들어갈 숫자는 무엇일까?

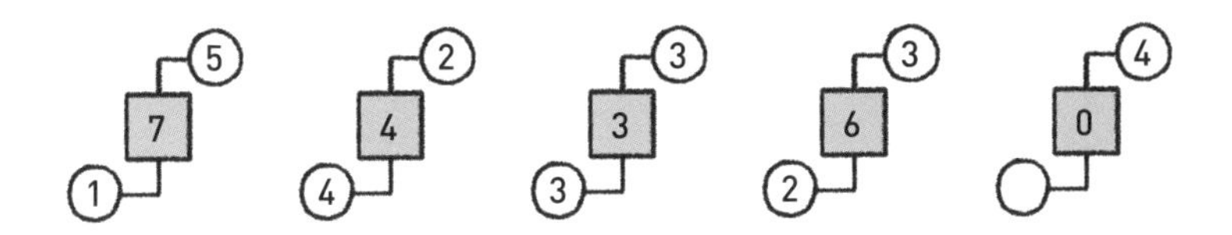

그런데 더욱 황당한 것은 나도 이 문제를 못 풀었다는 거야! 아아, 대학에서 수학을 전공하고, 수학을 가르치며 먹고사는데 초등학교 문제도 못 풀다니. 큰 충격을 받았지만, 나는 이내 그럴듯한 변명을 만들어 냈어. 자, 지금부터 그 변명이 얼마나 그럴듯한지 한번 생각해 봐. (참고로 이 문제의 답은 이 글의 마지막에 가르쳐 줄게.)

우선 나열된 수의 규칙을 찾는 것부터 해 보자. 전혀 어렵지 않으니까 같이 해 볼까?

2, 4, 7, 11, 16, ○

처음 2에	2를 더하면 4
다음 4에	3을 더하면 7
다음 7에	4를 더하면 11
다음 11에	5를 더하면 16
다음 16에	6을 더하면 22

따라서 답은 22야. 이 결과를 다음과 같이 써 보면 훨씬 이해하기 쉽겠지.

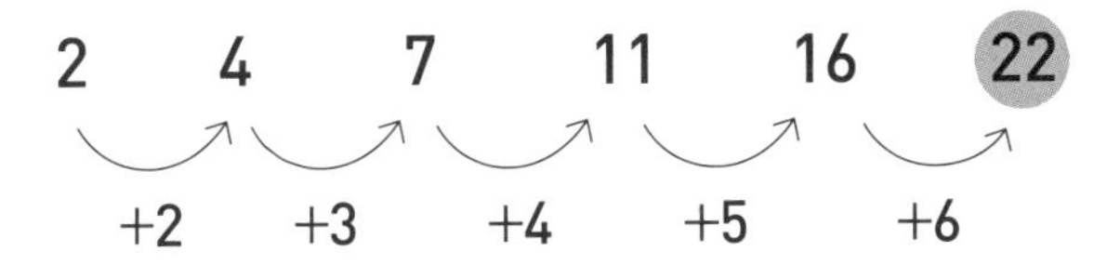

그럼 비슷한 문제를 하나 더 풀어 볼까?

2, 4, 8, ○

이 문제를 본 사람은 대부분 16이라고 답할 거야. 다음과 같이 생각할 테니 말이야.

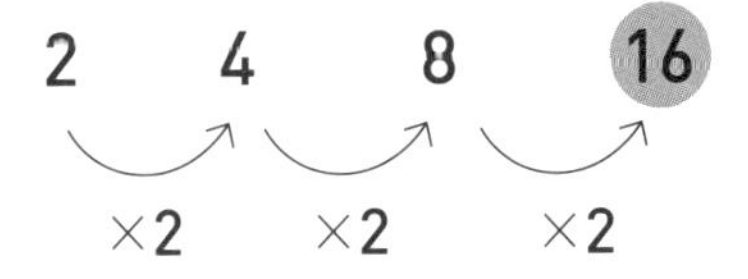

그런데 만약 누군가 아래와 같은 규칙 때문에 14라고 답한다면 어떨까?

2 4 8 14

+2 +4 +6

규칙이 다르긴 하지만 틀렸다고 말하기는 어렵겠지? 재밌는 것은 이것이 실제 시험에 나왔던 문제 유형이라는 거야. 그 문제는 이랬어. 함께 풀어 볼까?

“사각형 안에 원 4개를 그릴 때, 나누어지는 영역의 개수는 최대 몇 개인가?”

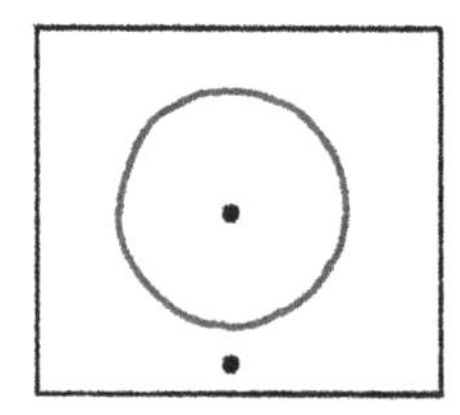
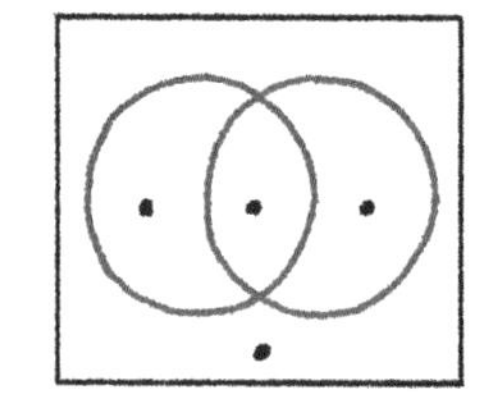
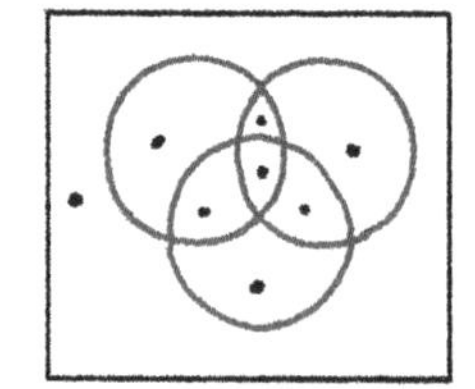

학생들은 위와 같이 원을 3개까지 그려 보고는 규칙을 찾아냈다고 생각했어. 2, 4, 8 다음에는 16이 와야 자연스러웠지. 그런데 결과는 14였어. 다음 그림을 보면 금방 이해하게 될 거야.

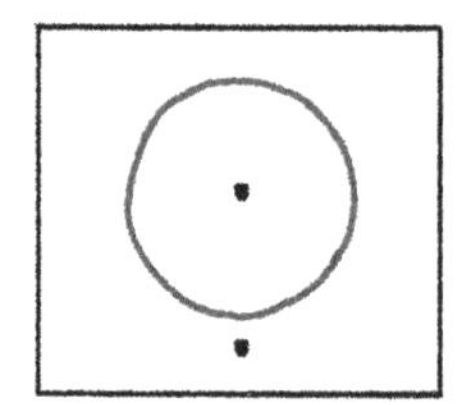
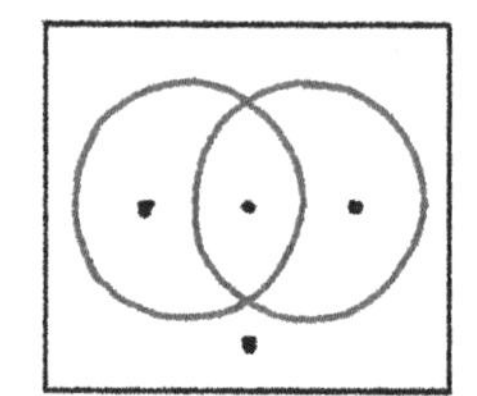

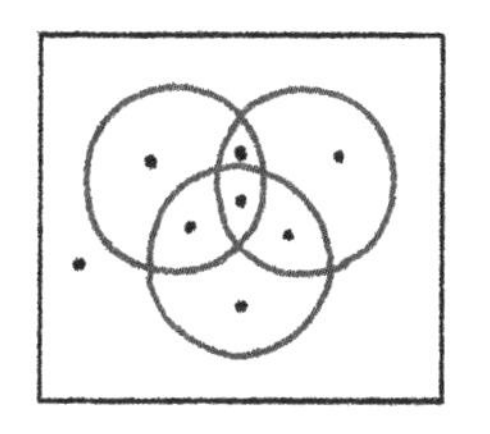
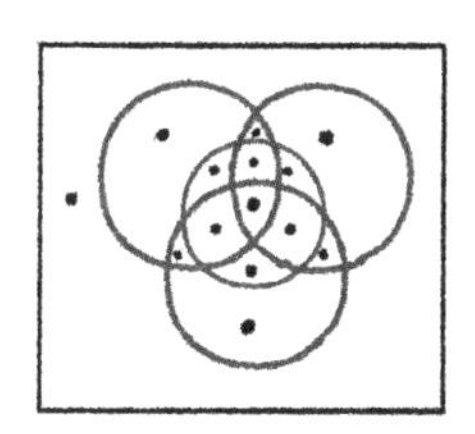

이렇게 직접 그려 보고 세어 보고 규칙을 찾아내는 과정을 귀납적 사고 또는 귀납 추론이라고 해. 귀납 추론은 실험(그리기)과 관찰(세기), 즉 경험에 바탕을 두고 예측(추론)하는 것이기 때문에 당연히 틀릴 수 있지. 또 제한된 자료(2, 4, 8)만 주면 서로 다른 예측을 내놓을 수도 있어. 즉 처음부터 답이 여러 개일 수도 있다는 뜻이야. 그러니까 친구가 물어본 문제에 들어맞는 규칙이 여러 개일 수도 있다는 말이지. 그것이 내가 그 초등학교 문제를 풀지 못한 이유였어. 어때, 내 변명이 그럴듯해?

자, 변명은 이쯤 하고 계속 이야기를 이어 가 보자. 누군가는 이렇게 생각할 수도 있을 것 같아. '아니, 그러니까 왜 성급하게 원을 3개만 그려 보고 결론을 내렸어? 4개도 그려 봤어야지.' 그럼 문제를 이렇게 바꾸면 어떻게 해결할래?

"사각형 안에 원 100개를 그릴 때, 나누어지는 영역의 개수는 최대 몇 개인가?"

아, 이건 도저히 그려서 해결할 수가 없겠지? (고등학교에 가면 그리지 않고도 답을 찾는 법을 배울 수 있어. 그때까지 파이팅!)

여기서 잠깐 수학의 역사 이야기를 해 볼게. 지금 우리가 학교에서 배우는 수학은 대부분 고대 그리스 수학이야. 그리스 시대에 만들어진 수학 지식을 배우고 있는 셈이지. 그런데 고대에 그리스에서만 수학이 발전한 것은 아니야.

고대 메소포타미아의 쐐기 문자는 최초의 문자로 알려져 있는데, 이 쐐기 문자로 쓰여 있는 점토판에 이미 수학 문제가 등장해. 수학의 역사는 최소한 문자가 쓰이기 시작한 이전 시점까지 거슬러 올라간다는 의미지. 이집트 파피루스에도, 중국의 고문서에도 수학 문제는 빠짐없이 등장해. 그런데 왜 우리가 중학교에서 배우는 수학은 이집트 수학이나 중국 수학이 아니라 그리스 수학일까?

그리스 사람들은 경험과 감각을 완전히 배제하고 오직 논리에만 의존한 수학 체계를 세우려고 노력했어. 예를 들어 볼까?

원주율 π의 근삿값을 알아내는 가장 간단한 방법은 직접 재 보는 거야. 그래서 여러 고문서에 등장하는 원주율 근삿값은 저마다 다 달라.

하지만 그리스 사람들은 측량과 수학은 다른 거라고 생각했어. 자를 이용해 길이를 재면서 "$\sqrt{2}$ 미터야." 이러지는 않잖아. '$\sqrt{2}$ 든 π든 그 정확한 값을 알아낼 수 있는 건 오직 수학뿐이니, 그에 대한 수학적 설명이 나오기 전까지는 경험에 의존한 어떤 설명도 참으로 받아들이지 않겠다.' 이것이 그리스 사람들의 생각이었어. 그런 태도 덕분에 그리스 사람들은 수학을 제대로 정립할 수 있었지. 기쁜 일인지 슬픈 일인지 모르겠지만, 그 때문에 우리는 모두 중학교에서 그리스 수학을 배우고 있지.

그리스 수학이 정립되고 난 이후로 한참 동안 사람들은 귀납 추론이 논리적이지 못하다고 생각했어. 진리를 밝히는 수단으로 부적절하다고 생각했던 거지. 그런데 이런 흐름은 실험과 관찰을 중요시하는 과학이 발달하면서부터 슬슬 깨지기 시작했어. 특히 컴퓨터의 발달은 귀납적 사고에 혁신적인 변화를 가져왔어. 앞의 문제로 다시 돌아가 볼까?

"사각형 안에 원 100개를 그릴 때, 나누어지는 영역의 개수는 최대 몇 개인가?"

어지간히 인내심이 강하지 않고서야 사람은 원 100개를 그려 볼 마음이 생기지 않을 테지만, 컴퓨터는 이것을 순식간에 계산해 낼 수 있지.

심지어는 컴퓨터를 이용한 증명까지 등장했어. 대표적인 것이 이른바 '4색 문제'인데 '평면을 분할하고 있는 영역을 4가지 색으로, 겹치지 않고 칠할 수 있는가?' 하는 문제야. 수많은 경우를 다 그려 볼 수도 없고, 그렇다고 증명법을 찾아내기도 어려웠던 문제지. 그런데 1976년에 모든 경우의 수를 컴퓨터로 돌려 보고 나서 증명이 마무리됐어. 2대의 컴퓨터가 50여 일간 열심히 일한 덕분이었어. 한마디로 컴퓨터는 우리의 경험과 계산 속도를 무한대까지 끌어올려 이전에는 상상도 할 수 없었던 일을 가능하게 만들었지.

이렇게 되면 '컴퓨터를 이용한 시뮬레이션(실험)을 얼마나 수학적이라고 할 수 있을까?' 이런 의문이 들 수도 있어. 재밌는 것은 수학적 이론과 경험적 추론 사이의 틈을 채워 주는 이론과 기술이 또 발달한다는 거지. 다음 장에서는 그 차이를 채워 주는 수학에 대해 이야기해 보자.

자, 이제 처음 문제에 대한 답을 알아볼 차례야.

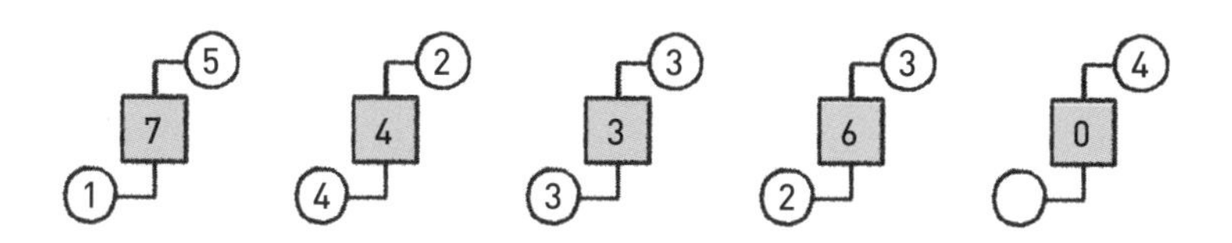

원 안에 든 숫자끼리 곱한 후에 네모 안의 숫자를 더하면 모두 12. 따라서 답은 3이야. 그런데 저 숫자들로 만들어 낼 수 있는 또 다른 규칙은 없는 걸까? 만약 네가 그걸 찾아낸다면 저 문제는 교과서에서 사라질지도 몰라. 아니면 문제에 이런 문장이 덧붙겠지.

복수 정답 인정!

정확하지 않은데 수학이라고?

12

중학교 과학 시간에 배우는 내용 중에 수학과 관련 있는 법칙을 몇 개 뽑아 봤어. 내용을 이해할 필요는 전혀 없으니 그냥 읽어만 볼까?

* 보일의 법칙: 온도가 일정할 때 일정한 양의 기체의 부피는 압력에 반비례한다.
* 샤를의 법칙: 압력이 일정할 때 일정한 양의 기체는 종류에 관계없이 온도가 높아지면 부피가 일정한 비율로 증가한다.

* 옴의 법칙: 도체에 흐르는 전류의 세기는 도체의 양 끝에 걸린 전압에 비례한다.
* 질량 보존의 법칙(라부아지에): 반응 전 물질의 전체 질량과 반응 후 물질의 전체 질량은 항상 같다.
* 멘델의 법칙: 멘델은 다양한 형질을 가진 완두를 교배하여 유전 현상의 원리를 밝혀냈는데 우열의 원리, 분리의 법칙, 독립의 법칙 3가지로 구성된다.

여기 소개한 법칙들의 공통점은 뭘까? 전부 서양 사람이 발견한 법칙이다? 맞는 이야기인데 수학과 연관 지어 보자면 모두 '실험'을 통해 알아낸 법칙이라는 거야. 그게 수학과 무슨 상관이냐고? 이제 그 이야기를 해 볼 참이야. 저 여러 법칙 중에 멘델의 법칙을 다시 한번 살펴보자.

씨의 모양이 둥근 형태를 R, 주름진 형태를 r이라 했을 때 유전자형이 RR, Rr인 경우는 씨의 모양이 둥근 형태를, 유전자형이 rr인 경우는 씨의 모양이 주름진 형태를 띠게 돼. 이 중 유전자형이 섞이지 않은 RR과 rr을 순종, 유전자형이 섞인 Rr을 잡종이라고 불러.

유전자형	표현형
RR(순종)	
Rr(잡종)	
rr(순종)	

둥근 잡종 완두끼리 교배시키면 우성과 열성의 표현형이 3:1이 되겠지. 이것을 분리의 법칙이라고 불러.

Rr \ Rr	R	r
R	RR 	Rr 
r	Rr 	rr 

표현형		
비율	3	1

그런데 실험을 하면 정말 이 비율이 항상 3:1로 정확하게 나올까? 1866년, 멘델이 발표한 논문 「식물의 잡종에 관한 실험」에 나온 실험 결과를 한번 보자.

대립 형질	씨의 모양		씨의 색깔		콩깍지의 모양		콩깍지의 색깔	
표현형	둥글다	주름지다	노란색	녹색	매끈하다	잘록하다	녹색	노란색
개수 (실험 결과)	5474	1850	6022	2001	882	299	428	152
비율	2.96:1		3.01:1		2.95:1		2.82:1	

대립 형질	꽃의 색깔		꽃이 피는 위치		줄기의 키	
표현형	보라색	흰색	잎겨드랑이	줄기 끝	크다	작다
개수 (실험 결과)	705	224	651	207	787	277
비율	3.15:1		3.14:1		2.84:1	

실제 멘델의 실험에서는 둥근 잡종 완두끼리 교배할 경우 둥근 완두가 5474개, 주름진 완두가 1850개 나왔어. 그 비율은 5474:1850=2.96:1이야. 멘델의 실험 결과를 보면 7가지 실험 모두 그 결과가 3:1로 딱 떨어지지는 않아.

멘델의 실험뿐만이 아니야. 과학 교과서에 '법칙'이라고 나온 내용 가운데 실험 결과가 법칙대로 딱 떨어지는 경우는 거의 없었다고 봐야 할 거야. 대략 비슷한 값이 나왔던 거지.

지금까지 수학은 논리적으로 애매한 부분을 절대 용납하지 않는다고 여러 번 강조했지. 심지어 각도기로 정확히 잰 각조차도 논리적으로 증명되지 않으면 인정하지 않는다고도 했어.(1장 참고) 그런데 어떻게 저런 오차를 법칙이라고 인정할 수 있는 거지? 과학에는 수학과 다른 규칙이 적용되는 건가?

그 답은 바로 확률에 있어. 가장 쉬운 동전 던지기로 이해를 해 보자.

동전을 1번 던졌을 때 앞면이 나올 확률은 $\frac{1}{2}$이야. 당연히 뒷면이 나올 확률도 $\frac{1}{2}$이지. 그럼 실제로 동전을 10번 던져 보자. 정말 우리가 기대하는 대로 앞면이 5번, 뒷면이 5번 나올까? 당연히 결과는 매번 다르게 나오겠지. 이처럼 수학적 확률과, 실제 실험이나 관찰을 통해 얻은 결과는 일치하지 않아. 그럼 어떻게 법칙과 실험 결과의 차이를 무시해도 좋다고 수학적으로 검증할 수 있을까?

이번에는 동전을 2번 던져 보자. 모든 경우의 수를 나열해 보면 (앞, 앞), (앞, 뒤), (뒤, 앞), (뒤, 뒤)가 될 테니 확률은 다음과 같겠지.

앞면이 나온 횟수	0	1	2
확률	$\frac{1}{4} = 0.25$	$\frac{2}{4} = 0.5$	$\frac{1}{4} = 0.25$

이런 식으로 동전 던지는 횟수를 늘리면 어떻게 될까?

표를 보면 앞면이 50번 나올 확률이 가장 높지. 또 앞면이 40~60번 나올 확률은 수학적으로 0.9648이니까 거의 1에 가까워. 이 말은 동전을 100번 던지는 실험을 했을 때 앞면이 20번 나오거나(너무 적게 나오거나), 80번 나오는(너무 많이 나오거나) 일은 거의 일어나지 않는다는 거야.

앞면이 나온 횟수	확률
40	0.0108
41	0.0159
42	0.0223
43	0.0301
44	0.0390
45	0.0485
46	0.0580
47	0.0666
48	0.0735
49	0.0780
50	0.0796

앞면이 나온 횟수	확률
51	0.0780
52	0.0735
53	0.0666
54	0.0580
55	0.0485
56	0.0390
57	0.0301
58	0.0223
59	0.0159
60	0.0108
합계	0.9648

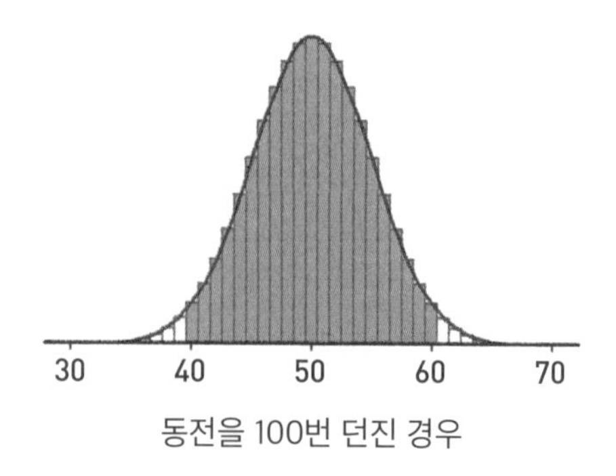

동전을 100번 던진 경우

이번에는 동전을 1000번 던졌을 때 앞면이 나온 횟수와 그에 따른 아래의 확률 분포를 보자. 앞면이 500번 나올 확률이 가장 높고, 앞면이 450~550번 나올 확률은 수학적으로 0.9986이야. 동전을 1000번 던졌을 때 앞면이 450번 미만 나오거나

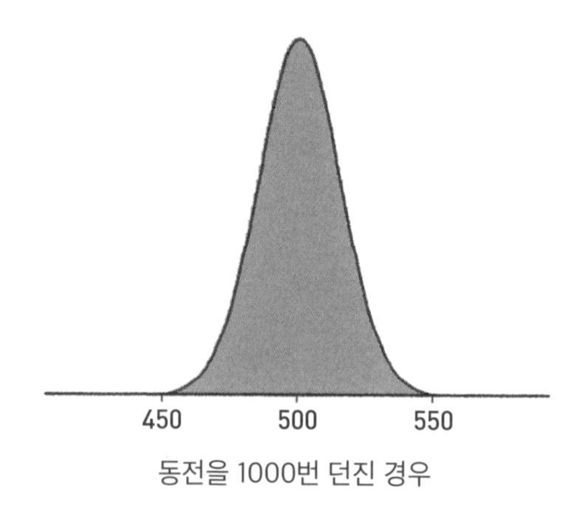

동전을 1000번 던진 경우

550번 초과해서 나올 확률이 거의 0에 가깝다는 거야.

이런 식으로 확률을 계산해 보면 (계산은 걱정 마! 요즘은 컴퓨터가 해 주니까.)

5000번 던졌을 때 앞면이 2400~2600번 나올 확률은 0.9955
10000번 던졌을 때 앞면이 4800~5200번 나올 확률은 0.9999

이 결과를 보면 실제 동전을 던졌을 때 앞면과 뒷면이 정확하게 반반 나오는 것은 아니지만 실험을 반복할수록 거의 반반에 가깝게 나올 확률이 매우 높다는 것을 알 수 있지.

이 결과를 간단히 요약하면 이렇게 돼.

수학적 확률과 실제 실험 결과는 다르다.
하지만 실험을 아주 많이 반복하면 수학적 확률에 가까워진다.

멘델은 수도원에서 7년 동안 200회가 넘는 인공 교배를 통해 30만 개 이상의 완두콩을 가지고 결과를 기록했다고 해. 이 많은 실험에서 우연히 그 수가 대부분 3:1에 가깝게 나올 확률은 정말 희박해. 그 확률이 수학적으로 0은 아니지만 현실에서는 사실상 일어나기 어려운 일이라는 거야. 멘델이 수학을 잘했는지는 모르지만 수학, 그 가운데 확률의 원리에 충실한 덕분에 법칙을 발견할 수 있었던 건 사실이야.

오늘날에는 확률론에 기초한 통계적 방법이 과학을 넘어서 거의 모든 분야에 쓰이지 않는 곳이 없을 정도로 확산되었어. 실험과 관찰을 통해 어떤 주장을 입증할 때는 충분한 자료를 모아야 신뢰도가 올라가. 근거가 떨어지는 주장을 하면 그냥 '뇌피셜'(근거 없는 추측을 일컫는 유행어)이 되지.

확률 이야기에 덧붙여 한 가지 더 말하고 싶은 것이 있어. 우리는 흔히 수학자나 과학자는 천재라서 어느 날 갑자기 좋은 아이디어가 떠오르고 벼락치럼 법칙을 찾아낸다고들 생각해. 하지만 항상 그런 것은 아니야. 우리 삶을 윤택하게 하는 과학 기술의 발전은 대부분 관찰과 실험, 데이터 수집과 분석을 반복하는 고된 노동의 결과물인 경우가 많아. 게다가 네트워크로 연결된 세상에서 서로서로 지식과 정보를 교환할 수 있게 되면서 세상은 더 빠른 속도로 변하고 있어. 그러니 무엇도 그냥 다 혼자서 해내는 건 없는 거야.

멘델도 마찬가지였어. 7년 동안 완두콩을 수없이 키웠던 멘델을 보면, 반복 없이 단련되는 고수는 없는 것 아닐까? 수학도 그래. 천재성보다는 노력이 중요해. 세상의 다른 모든 지식과 기술을 익히는 것과 마찬가지로, 수학도 훈련 없이 그냥 실력이 나아지지는 않아. 그러니 수학이 힘겹게 느껴질 때라도 천재를 부러워하기보다 노력하는 시간을 조금 늘려 보자고!

13 수학으로 할 수 있는 일들

어른들은 꿈이 뭐냐고 자주 묻지? 나의 경우, 중학교 때까지는 마땅한 답을 찾지 못한 것 같아. 그냥 "적당히 벌고, 적당히 편하게 살고 싶어요."라고 답하고 싶었지만 그건 꿈이라고 인정해 줄 것 같지 않았어. 요즘처럼 경쟁이 심한 사회에서 이렇게 답을 했다간 아마 철없다고 혼났을 거야. 그래서 질문을 받으면 뭔가 그럴듯한 직업을 대야 할 것 같았어. 최근의 통계를 보니 나 같은 학생이 꽤 많더라고.

「2019년 초·중등 진로 교육 현황 조사」 결과

조사 대상	희망 직업이 없는 사람(%)
초등학생	12.8
중학생	28.1
고등학생	20.5

출처: 교육부/한국직업능력개발원

그런데 고등학교 때부터는 꿈이 뭐냐고 물으면 항상 '수학 선생님'이라고 답했어.

수학 선생님이 되고 싶었던 이유는 당연히 수학을 좋아했기 때문이야. 처음부터 수학을 좋아했던 건 아니야. 초등학교 때 수학은 '그림 그리기'에 가까웠어. 지금도 기억나는 일이 있어. 초등학교 2학년 때였을 거야. 세 자릿수 덧셈을 배우는데, 숙제로 교과서에 나온 그림까지 그대로 그려 오라는 거야. 벽돌이 잔뜩 쌓여 있는 그림을! 이걸 과연 하루에 끝낼 수는 있을까? 늦은 밤까지 근심에 쌓여 벽돌 수백 장을 그렸지. 눈물을 뚝뚝 흘리면서 말이야.

그러다 중학교에 가니까 산수가 아니라 정말 수학을 배우는 기분이 들더라고. 특히 중학교 2학년 때부터 기하학(도형)에 푹 빠져들었지. 조금의 애매함도 허용하지 않는 논리적 단단함, 답

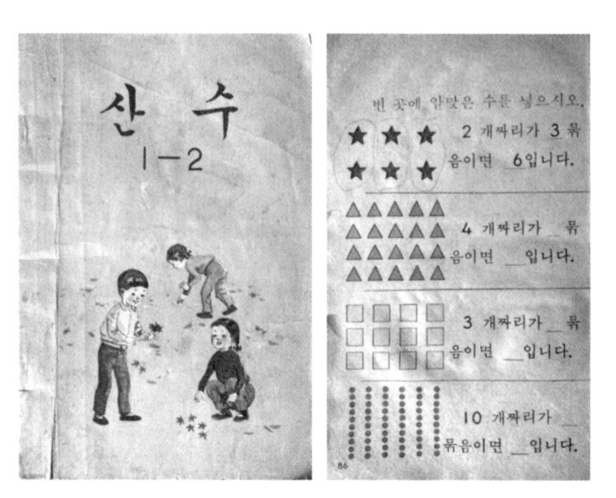

1970년대 산수 교과서

이 있다면 반드시 그 답에 이르는 길이 있다는 마인드, 그리고 마침내 해법을 찾아냈을 때의 쾌감. 그 기분이 너무 좋았어. 좋아하면 잘하게 되고 잘하면 더 좋아지는 건 당연하니까 그때 처음 자발적으로 공부를 해 본 것 같아. 더 이상 수학은 울면서 그리는 벽돌이 아니었어.

나는 그 뒤 '수학 선생님'이라는 꿈이 생겼어. 수학도 재미있게 가르칠 수 있다는 것을 보여 주고 싶었지. 고등학교가 남녀 공학이어서 여학생에게 인기 많은 수학 선생님이 되고 싶다는 환상도 있었던 것 같아. 자연스럽게 대학에서도 수학을 전공했어. 그리고 졸업 후에는 수학 학원에서 일하게 되었지. 수학을

「2019년 초·중등 진로 교육 현황 조사」 결과

희망 직업 선택 이유	초등학생	중학생	고등학생
내가 좋아하는 일이라서	55.4	50.3	47.9
내가 잘해 낼 수 있을 것 같아서	17.1	19.4	21.1

출처: 교육부/한국직업능력개발원

가르치게 됐으니 꿈을 반쯤 이루었다고 해야겠지?

또 잠깐 위의 최근 통계를 볼까? 많은 학생이 나처럼 잘하는 일, 좋아하는 일을 직업으로 선택하고 있어. 자연스러운 일이겠지.

그런데 수학을 좋아하면 수학 선생님 말고 또 무슨 일을 할 수 있을까? 많은 학생이 그걸 잘 모르는 것 같아. 수학을 좋아하면 그냥 학교나 대학에서 수학을 가르치고 연구하는 일 정도를 하게 된다고 생각해. 그런데 수학으로 할 수 있는 일은 생각보다 무척 많아.

예전에는 수학을 전공하면 금융 분야나 교육 분야에 진출하는 경우가 많았어. 그러다 1990년대 후반부터 아이티(IT) 관련 업종이 확산되기 시작했지. 요즘은 빅 데이터, 인공 지능, 머신러닝 등 수학을 잘하면 환영받는 직업이 엄청나게 늘었어. 데이

수학을 전공한 사람이 선택할 수 있는 직업들

분야	직업
IT 분야	영상 처리, 인공 지능, 정보 보호, 정보 부호화, 통신, 과학 수치 계산, 컴퓨터 그래픽스, 문자 인식, 전산망 관리, 보안 전문가, 데이터베이스 관리
금융 분야	보험 계리사, 파생 금융 상품 설계, 펀드 매니저, 금융 위험 분석, 은행, 증권사, 투자 자문사
교육 분야	교사, 학원 강사, 교수, 수학 교육 출판사
BT(생명 공학) 분야	생물 통계, 수리 생물, 생물 정보
기타 분야	국방 과학 연구소, 통계 관련 리서치 회사, 정부 기관 조사실, 국정원 암호 전문가

출처: 서강대학교 수학과 홈페이지

터 분석으로 할 수 있는 일이 많아졌는데, 데이터 관련 업종에서는 대부분 수학을 잘하는 사람을 선호하거든. 과학 연구에도 수학적 방법을 활용하는 분야가 점점 늘고 있어.

특히 컴퓨터는 많은 것을 바꿔 놓았어. 이전에는 상상도 하기 힘들었던 실험(시뮬레이션)이 컴퓨터 덕분에 가능해졌거든. 백악기 말에 거대한 운석이 지구와 충돌하는 바람에 공룡이 멸종되었다는 가설을 들어 봤을 거야. 이런 일은 절대 직접 실험을 해 볼 수 없잖아. 그런데 컴퓨터로 시뮬레이션을 해 보면 그 당시 충격파 강도는 어느 정도였을지, 쓰나미는 어디서 발생해 어느 방향으로 진행되었을지, 어느 지역이 어떤 종류의 피해를 봤을지 예측해 볼 수 있어.

또 무작위로 움직이는 듯 보이는 현상도 컴퓨터 시뮬레이션을 통해 그 패턴을 확률적으로 설명해 내는 경우가 많아졌어. 감염병이 확산되는 경로나 속도를 예측하고, 기상 변화도 예측하고, 에스엔에스(SNS)를 통해 퍼져 나가는 정보의 확산 패턴을 설명하기도 하지. 컴퓨터가 없었다면 전부 불가능했을 일이지만, 그 이론적 토대는 수학과 깊은 관련이 있어. 수학+컴퓨터의 조합이 내뿜는 힘은 나날이 강력해져 점점 더 많은 일을 하게 될 거야.

끝으로 하고 싶은 말이 있어. '수학이나 과학은 가치 중립적인가?' 하는 오래된 질문에 대한 고민이야. 모든 호기심이 똑같은 관심이나 지지를 받지는 않아. 사회적으로 쓸모 있다고 평가받는 생각이 더 많이 지지를 받겠지. 그런데 사회적으로 쓸모 있다는 건 어떻게 알 수 있을까? 그것을 고민해 볼 수 있는 쉬운 예로, 에스엔에스(SNS)를 생각해 보자.

유튜브나 인스타그램 같은 서비스에서는 알고리즘을 이용해 사용자의 패턴을 분석해. 그래서 사용자가 선호하는 상품을 맞춤 광고하기도 하고 사용자가 좋아할 만한 콘텐츠를 자동 추천해 주기도 하지. 이런 알고리즘에 익숙해지면 사람들은 점점 자신이 소비하는 콘텐츠의 패턴을 따라가게 돼. 때로는 자기가 보는 콘텐츠가 진실을 담고 있다고 믿게 되지. 사실 서비스를 제공하는 회사는 돈을 버는 것이 우선이라 가짜 뉴스인지 아닌지 크게 상관하지 않는데도 말이야.

또 에스엔에스(SNS)를 통해 세상을 보면 남들은 온통 다 행복해 보이기만 하지. 사진을 예쁘게 보정해 주는 '앱'의 성능이 발전할수록 자기 외모에 대한 열등감도 심해져. 사람들은 끊임없이 남들과 자신을 비교하며 우울감에 사로잡히기도 하지. 미국에서는 에스엔에스(SNS) 서비스가 일상화된 2010년 이후, 10대 청소년의 자살률이 증가했다는 연구 결과도 나왔어.

이렇게 알고리즘의 뒤에도 수학이 있어. 그런데 수학을 다양한 방식으로 활용할 수 있다는 점에 흥미를 느껴 프로그램 개발에 참여했다가, 수학을 악용한 파괴적 힘에 환멸을 느낀 사람들이 제법 있어. 빅 데이터와 알고리즘 등 수학을 이용한 모형(모델링)이 가진 위험성을 알리는 사람들의 메시지는 한결같아.

"수리 모형은 도구가 되어야지, 세상을 파괴하는 수단이 되어서는 안 된다."[4)]

4) 캐시 오닐 『대량 살상 수학 무기』, 김정혜 옮김, 흐름출판 2017.

수학은 세상에 좋은 쪽으로도, 나쁜 쪽으로도 사용될 수 있다는 뜻이기도 하지.

자, 이제 네 손에 쥐게 될 수학으로 어떤 재미있는 이야기를 들려줄래? 너의 이야기를 기다리고 있을게.

사진 출처

14면	경주 얼굴 무늬 수막새: 국립경주박물관 소장
35면	에라토스테네스의 세계 지도: 위키미디어
36면	메르카토르 지도, 세계 지도: 위키미디어
69면	RGB 색상표: 위키미디어 / Jochen Burghardt
75, 76면	미국 대선 결과: https://www.usatoday.com/ (2020.11.11.) 참고
106면	산수 교과서: ©나동혁